ゼロからはじめる

AQUOS
アクオス
センスナイン
sense 9

スマートガイド

au
UQ mobile
対応版

技術評論社

CONTENTS

Chapter 1
AQUOS sense9 の基本技

Section 001	AQUOS sense9について	8
Section 002	AQUOS sense9の特徴	9
Section 003	各部名称を確認する	10
Section 004	電源を入れる	11
Section 005	ロック画面とスリープ状態	12
Section 006	タッチパネルの使いかた	13
Section 007	ホーム画面の見かた	14
Section 008	ホーム画面を切り替える	15
Section 009	アプリを起動する	16
Section 010	ホーム画面や前の画面に戻る	17
Section 011	アプリを切り替える	18
Section 012	アプリを終了する	19
Section 013	音量キーで音量を操作する	20
Section 014	電源をオフにする	21
Section 015	情報を確認する	22
Section 016	ステータスパネルを利用する	24
Section 017	マナーモードを設定する	26
Section 018	ジェスチャーで操作する	28
Section 019	アプリアイコンを操作する	29
Section 020	アプリアイコンを整理する	30
Section 021	2つのアプリを同時に表示する	32
Section 022	ウィジェットを利用する	33
Section 023	Google検索バーを利用する	34
Section 024	ダークモードを解除する	35
Section 025	壁紙とUIの色を変更する	36
Section 026	文字を入力する	38
Section 027	別の言語のキーボードを追加する	44
Section 028	キーボードをフロートさせる	46
Section 029	テキストをコピー&ペーストする	47
Section 030	Wi-Fiを利用する	48
Section 031	Googleアカウントを設定する	50
Section 032	スクリーンショットを撮る	54

Chapter 2

Web と Google アカウントの便利技

Section 033	ChromeでWebページを表示する	56
Section 034	Chromeのタブを使いこなす	58
Section 035	Webページ内の単語をすばやく検索する	62
Section 036	Webページの画像を保存する	63
Section 037	住所などの個人情報を自動入力する	64
Section 038	パスワードマネージャーを利用する	65
Section 039	Google検索を行う	66
Section 040	Discoverで気になるニュースを見る	67
Section 041	最近検索したWebページを確認する	68
Section 042	Googleレンズで似た製品を調べる	69
Section 043	Googleレンズで植物や動物を調べる	70
Section 044	Googleレンズで文字を読み取る	71
Section 045	Googleアカウントの情報を確認する	72
Section 046	アクティビティを管理する	73
Section 047	プライバシー診断を行う	74
Section 048	Googleアカウントに2段階認証を設定する	76

Chapter 3

写真や動画、音楽の便利技

Section 049	写真を撮影する	78
Section 050	動画を撮影する	82
Section 051	ポートレートモードで撮影する	83
Section 052	片手で操作する	84
Section 053	シャッターボタンを押しやすい位置に移動する	85
Section 054	「フォト」アプリで写真や動画を閲覧する	86
Section 055	写真を探す	87
Section 056	写真を編集する	88
Section 057	動画をトリミングする	89
Section 058	アルバムで写真を整理する	90
Section 059	写真やアルバムを共有する	91
Section 060	写真をロックされたフォルダに保存する	95
Section 061	写真や動画を削除する	96
Section 062	削除した写真や動画を復元する	97

3

CONTENTS

Section 063	写真をサーバーにバックアップする	98
Section 064	本体のストレージの容量を増やす	99
Section 065	パソコンのファイルを本体に保存する	100
Section 066	YT Musicを利用する	101
Section 067	YT Musicで曲を探す	102
Section 068	曲をオフラインで聴く	103
Section 069	ラジオ放送を聴く	104
Section 070	YouTubeで動画を視聴する	105
Section 071	YouTubeで気になる動画を保存する	106

Chapter 4

Google のサービスやアプリの便利技

Section 072	アプリを検索する	108
Section 073	アプリをインストール／アンインストールする	110
Section 074	有料アプリを購入する	112
Section 075	アプリのインストールや起動時の許可	114
Section 076	アプリの権限を確認する	115
Section 077	サービスから権限を確認する	116
Section 078	プライバシーダッシュボードを利用する	117
Section 079	Googleアシスタントで調べ物をする	118
Section 080	Googleアシスタントでアプリを操作する	119
Section 081	新しいAIアシスタント（Gemini）を利用する	120
Section 082	Gmailを利用する	122
Section 083	Gmailにアカウントを追加する	124
Section 084	メールに署名を自動的に挿入する	126
Section 085	メールにワンタップで返信する	127
Section 086	メールを再通知する	128
Section 087	不在時に自動送信するメールを設定する	129
Section 088	Googleカレンダーに予定を登録する	130
Section 089	Gmailから予定を自動で取り込む	131
Section 090	マップを利用する	132
Section 091	マップで経路を調べる	134
Section 092	訪れた場所や移動した経路を確認する	136
Section 093	ウォレットにクレカを登録する	138
Section 094	ウォレットで支払う	139

Section 095	ウォレットに楽天Edyを登録する	140
Section 096	本体のファイルをGoogleドライブに保存する	141
Section 097	「Files」アプリでファイルを開く	142
Section 098	「Files」アプリからGoogleドライブに保存する	143
Section 099	Quick Shareでファイル共有する	144
Section 100	不要なデータを削除する	146
Section 101	Googleドライブにバックアップを取る	147
Section 102	Googleドライブの利用状況を確認する	148

Chapter 5

さらに使いこなす活用技

Section 103	「設定」アプリを使う	150
Section 104	おサイフケータイを設定する	152
Section 105	Bluetooth機器を利用する	154
Section 106	Wi-Fiテザリングを利用する	155
Section 107	データ通信量が多いアプリを探す	156
Section 108	アプリごとに通信を制限する	157
Section 109	通知を設定する	158
Section 110	通知をサイレントにする	160
Section 111	通知のサイレントモードを使う	161
Section 112	通知の履歴を見る	162
Section 113	通知のスヌーズを利用する	163
Section 114	ロック画面に通知を表示しないようにする	164
Section 115	スリープ状態で画面を表示する	165
Section 116	バッテリーを長持ちさせる	166
Section 117	アプリの利用時間を確認する	167
Section 118	アプリの利用時間を制限する	168
Section 119	就寝時に通知などをおやすみ時間モードにする	169
Section 120	なめらかハイスピード表示を設定する	170
Section 121	画面ロックの解除に暗証番号を設定する	171
Section 122	指紋認証で画面ロックを解除する	172
Section 123	顔認証で画面ロックを解除する	174
Section 124	画面の明るさを変更する	176
Section 125	ホームアプリを変更する	177
Section 126	画面の文字を見やすくする	178

5

CONTENTS

Section 127	リラックスビューを設定する	179
Section 128	AQUOSトリックを使いこなす	180
Section 129	エモパーを設定する	182
Section 130	緊急情報を登録する	184
Section 131	紛失した本体を探す	185
Section 132	本体ソフトをアップデートする	188
Section 133	初期化する	189

ご注意：ご購入・ご利用の前に必ずお読みください

●本書に記載した内容は、情報の提供のみを目的としています。したがって、本書を用いた運用は、必ずお客様自身の責任と判断によって行ってください。これらの情報の運用の結果について、技術評論社および著者、アプリの開発者はいかなる責任も負いません。

●本書は、au版のAQUOS sense9を用いて、Android 14の初期設定状態で動作を確認しています。ご利用時には、一部の説明や画面が異なることがあります。特に、旧バージョンからAndroid 14にアップデートした場合や、ほかのスマホからデータをコピーした場合は、以前の設定が引き継がれるので、初期設定状態とは異なります。

●本書はダークモードをオフにした画面で解説しています。ダークモードについてはP.35を参照してください。

●ソフトウェアに関する記述は、特に断りのない限り、2024年12月現在での最新バージョンをもとにしています。ソフトウェアはバージョンアップされる場合があり、本書での説明とは機能内容や画面図などが異なってしまうこともあり得ます。あらかじめご了承ください。

●インターネットの情報については、URLや画面などが変更されている可能性があります。ご注意ください。

以上の注意事項をご承諾いただいたうえで、本書をご利用願います。これらの注意事項をお読みいただかずに、お問い合わせいただいても、技術評論社は対処しかねます。あらかじめ、ご了承ください。

■本書に掲載した会社名、プログラム名、システム名などは、米国およびその他の国における登録商標または商標です。本文中では、™、®マークは明記していません。

AQUOS sense9の基本技

Chapter

1

Section 001

AQUOS sense9について

OS・Hardware

シャープのAQUOS sense9は、Android OSを搭載したAndroidスマートフォンです。同社の直販サイトではSIMフリー版が6万円弱で販売されており、価格的にはミドルクラスの端末といえます。

AQUOS sense9は、直販のSIMフリー版以外にもNTTドコモ、au、楽天モバイル、UQ mobile、J:COM MOBILEの各社から販売されています。本書の解説は、主にau版のAQUOS sense9を使って行い、NTTドコモ版を除いたau以下の各社、およびSIMフリー版に対応したものとなっています。

これらは、基本的な機能や操作は共通ですが、各社独自のアプリがインストールされていたり、楽天モバイル版は通話やSMSを「Rakuten Link」アプリから行ったりと、一部仕様が異なります。各社独自の仕様については、本書では紹介していないので、ご了承ください。

なお、AQUOS sense9は初期状態でダークモード(P.35参照)が設定されていますが、本書では誌面で画面が見やすいようダークモードを解除した状態で解説をしています。

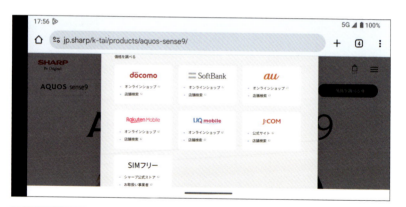

AQUOS sense9は、さまざまな携帯電話会社から販売されています。

Section 002

AQUOS sense9の特徴

OS・Hardware

AQUOS sense9は、比較的コンパクトで持ちやすい大きさです。カメラ性能に力を入れており、ミドルクラスながら綺麗な写真を簡単に撮影できることが特徴です。背面のメインカメラは5030万画素と高精細で、写真では光学式手ブレ補正にも対応しています。また、カメラ操作は、シャッターボタンを押しやすい位置に移動できるフローティングシャッター機能が利用でき、セルフィー画面への切替えや、ビデオ撮影も片手でできるよう配慮されています。

「カメラ」アプリの写真撮影では、フローティングシャッター機能を利用することができます。

残像を軽減し、画面書き換え速度最大180Hz相当のなめらか表示を利用することができます。

Section 003

各部名称を確認する

OS・Hardware

AQUOS sense9本体の各部名称を確認しておきましょう。なお、名称はau版のAQUOS sense9の記述を元にしています。

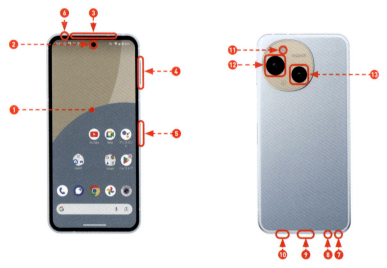

①	ディスプレイ	⑧	イヤホンマイク端子
②	インカメラ	⑨	外部接続端子
③	受話口（レシーバー）	⑩	スピーカー
④	音量UPキー／音量DOWNキー	⑪	モバイルライト
⑤	電源キー／指紋センサー	⑫	広角カメラ
⑥	サブマイク	⑬	標準カメラ
⑦	送話口（マイク）		

Section **004**

OS・Hardware

電源を入れる

AQUOS sense9の電源をオンにしてみましょう。購入したばかりの状態では、先に充電が必要な場合があります。なお、初めて電源をオンにした場合、初期設定画面が表示されますが、ここでは解説を省略しています。

1 電源キーを3秒以上長押しします。

長押しする

2 ロゴが表示されます。電源キーから指を離します。

3 ロック画面が表示されます。画面を上方向にスワイプします。

スワイプする

4 ホーム画面が表示されます。

Section 005

ロック画面とスリープ状態

OS・Hardware

AQUOS sense9の画面点灯中に電源キーを押すと、画面が消灯してスリープ状態になります。スリープ状態で電源キーを押すと、画面が点灯してロック画面が表示されます。ロック画面で上方向にスワイプするか、暗証番号や生体認証を設定している場合は解除操作を行うと、ホーム画面が表示されます。

1

ロック画面には、時刻、通知、「カメラ」アプリの起動ショートカットが表示されます。通知をロック画面に表示しないようにすることもできます。

スリープ状態では画面が消灯していますが、設定によって時刻や通知アイコンを一定時間表示することができます。

MEMO 画面が消灯するまでの時間を設定する

AQUOS sense9を操作せずに指定した時間が経過すると、自動的に画面が消灯してスリープ状態に移行します。スリープになる時間は、アプリ一覧画面で［設定］をタップして、［ディスプレイ］→［画面消灯］の順にタップすることで、15秒～30分の時間を選択できます。

Section **006**

タッチパネルの使いかた

OS・Hardware

AQUOS sense9のディスプレイはタッチパネルです。指でディスプレイをタッチすることで、いろいろな操作が行えます。ここでは、タッチパネルの基本操作を確認しましょう。なお、操作の名称はau版のAQUOS sense9を元にしています。

タップ／ダブルタップ

画面を軽く叩くように、触れてすぐに指を離します。また、ダブルタップは素早く2回連続でタップします。

ロングタッチ

項目などに指を触れた状態を保ちます。項目によっては利用できるメニューが表示されます。

スライド／スワイプ／ドラッグ

画面に軽く触れたまま、目的の方向や位置へなぞります。

フリック

画面を指ですばやく上下左右にはらうように操作します。

ピンチ

2本の指で画面に触れたまま指を開いたり（ピンチアウト）、閉じたり（ピンチイン）します。

MEMO　タッチパネルがうまく動作しない

ディスプレイに保護シールなどが貼ってあったり、水滴が付着していると、タッチパネルに指を触れても動作しない、または誤動作の原因になります。

Section **007**

ホーム画面の見かた

OS・Hardware

ホーム画面は、アプリや機能などにアクセスしやすいように、ウィジェットやステータスバー、お気に入りトレイなどで構成されています。まずはホーム画面の各部を確認しておきましょう。

ステータスバー
お知らせを表示する通知アイコンや、本体の状態を知らせるステータスアイコンなどが表示されます。

ウィジェット
ホーム画面上に配置できる簡易的なアプリです（P.33参照）。

アプリアイコン
AQUOS sense9にインストールされているアプリのショートカットです。タップしてアプリを起動することができます。

フォルダ
ホーム画面のアプリアイコンを、まとめたり分類できます。

お気に入りトレイ
すべてのホーム画面で表示されるエリアで、よく使うアプリアイコンなどを配置できます。

Google検索バー
Google検索のウィジェットです。ここからGoogle検索やGoogleレンズを利用できます。

Section 008

ホーム画面を切り替える

OS・Hardware

AQUOS sense9では、標準で2つのホーム画面が用意されており、切り替えて表示できます。また、ホーム画面からGoogle Discover（P.67参照）を表示できます。

1 AQUOS sense9を起動すると、一番左のホーム画面が表示されます。ホーム画面を左方向にスワイプします。

2 右のホーム画面が表示されます。画面を右方向にスワイプします。

3 手順**1**のホーム画面に戻ります。なお、いずれかのホーム画面で画面下端から上方向にスワイプすることでも、手順**1**の画面を表示できます。画面を右方向にスワイプします。

4 Google Discoverの画面が表示されます。

Section 009

アプリを起動する

OS・Hardware

アプリの起動は、「アプリ一覧画面」を表示して行います。「アプリ一覧画面」には、インストールされているアプリがすべて表示されています。

1 ホーム画面を表示し、上方向にスワイプします。

2 アプリ一覧画面が表示されます。起動したいアプリのアイコン（ここでは［設定］）を、タップます。

3 「設定」アプリが起動します。他のアプリを表示したい場合は、アプリを切り替えるか（P.18参照）、同じ操作で別のアプリを起動します。

MEMO ホーム画面からアプリを起動する

ホーム画面にアプリのショートカットが配置されていれば、そのアイコンをタップすることでもアプリを起動できます。よく利用するアプリは、ホーム画面のタップしやすいところに配置しておきましょう。

Section 010

ホーム画面や前の画面に戻る

OS・Hardware

アプリの利用中などでも、画面をスワイプするだけで、すぐにホーム画面を表示できます。
また、特定のアプリでは、同じ操作で前の画面に戻れます。

1 アプリを起動しているときに、画面の左端から中心に向かってスワイプします。

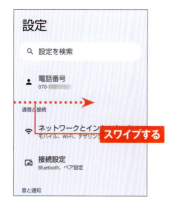

2 ホーム画面に戻ります。手順**1**で画面下端から、上方向にスワイプしても、ホーム画面に戻れます。

3 「Chrome」アプリなどでは、画面の左端から中心に向かってスワイプすると、前の画面に戻れます。

MEMO 3ボタンナビゲーションにする

アプリ一覧画面で[設定]をタップし、[システム]→[ジェスチャー]→[ナビゲーションモード]→[3ボタンナビゲーション]の順にタップすると、以前のAndroid OSで標準だった3ボタンナビゲーションボタンを使えます。

17

Section 011

OS・Hardware

アプリを切り替える

アプリを利用中などに、別のアプリに切り替えられます。最近使用したアプリであれば、「アプリ使用履歴」画面からすぐに切り替えられます。

1 画面を表示中に画面下端から上方向にスワイプし、指を止めて離します。

2 「アプリ使用履歴」画面が表示されます。画面を左右にスワイプします。

3 表示したいアプリをタップすると、タップしたアプリが画面に表示されます。

MEMO 画面下部をスワイプして切り替える

アプリを表示中に、画面下部を左右にスワイプすると、最近使ったアプリに次々に切り替わります。

18

Section 012

アプリを終了する

OS・Hardware

最近のAndroid OSでは、自動的にメモリや電力の管理をしてくれるので、基本的に手動でアプリを終了する必要はありませんが、終了することで、「アプリ使用履歴」画面を整理できます。

1 P.18を参考に、「アプリ使用履歴」画面を表示し、左右にスワイプして、終了したいアプリを表示します。

2 終了したいアプリを上方向にフリックします。

3 アプリが終了し、「アプリ使用履歴」画面からも削除されます。

4 「アプリ使用履歴」画面の履歴をすべて消去したい場合は、右方向にフリックして左端を表示し、[すべてクリア]をタップします。

Section 013

OS・Hardware

音量キーで音量を操作する

音楽や動画などのメディア、通話、着信音と通知、アラームのそれぞれの音量は、音量キーから調節することができます。

1 音量UPキー、または音量DOWNキーを押します。

2 音量UPキー、または音量DOWNキーを何度か押すか、表示された音量メニューのスライダーをスワイプして音量を変更します。

3 音量メニューの…をタップします。

4 「音とバイブレーション」画面が表示され、個別に音量を設定することができます。

Section 014

電源をオフにする

OS・Hardware

AQUOS sense9の電源をオフにする場合は、電源キーと音量UPキーを同時に押して電源メニューを表示してから行います。

1 ロックを解除した状態で、音量UPキーと電源キーを同時に押します。

2 電源メニューが表示されるので、[電源を切る] をタップすると、電源がオフになります。

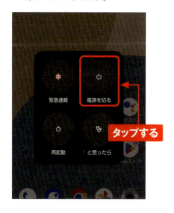

3 手順2の画面で [緊急通報] をタップすると、警察や消防にワンタップで発信することができます。

MEMO ロックダウンとは

顔認証や指紋認証を設定している場合は、電源メニューに「ロックダウン」が表示されます。これをタップすると、顔認証、指紋認証が機能しなくなり、PINもしくはパスワードを入力する必要があります。

Section 015

情報を確認する

OS・Hardware

画面上部に表示されるステータスバーから、さまざまな情報を確認することができます。ここでは、通知される表示の確認方法や、通知アイコンの種類を紹介します。

ステータスバーの見かた

通知アイコン / ステータスアイコン

不在着信や新着メール、実行中の作業などを通知するアイコンです。

電波状態やバッテリー残量、マナーモード設定など、本体の状態を表すアイコンです。

主な通知アイコン	
	不在着信あり
	新着+メッセージ／SMSあり
	Googleからの通知あり
	データのダウンロード中
31	カレンダーの予定通知あり

主なステータスアイコン	
5G	5G使用可能
4G	4G使用可能
	電波の強さ
	Wi-Fiの電波の強さ
	電池残量表示

通知を確認する

1 通知を確認したいときは、ステータスバーを下方向にスライドします。

2 お知らせパネルが表示されます。通知(ここでは「＋メッセージ」アプリの通知)をタップします。

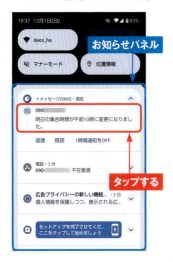

3 「＋メッセージ」アプリが開いて、メッセージを確認することができます。

MEMO 通知を削除する

手順**2**の画面で通知を左右にフリックすると個別に削除でき、[すべて消去]をタップするとまとめて削除できます。画面を上方向にスライドすると、お知らせパネルが閉じます。

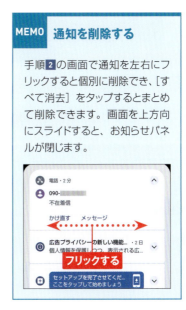

Section **016**

ステータスパネルを利用する

OS・Hardware

ステータスパネルの機能ボタンから主要な機能のオン／オフを切り替えたり、設定を変更したりすることができます。「設定」アプリよりもすばやく使うことができる上に、オン／オフの状態をひと目で確認することができます。ステータスパネルは、ロック画面からも表示可能です。

ステータスパネルを表示する

1 ステータスバーを下方向位にスライドすると、お知らせパネルが開き、機能ボタンが4個表示されます。機能ボタンをタップすると、機能のオン／オフを切り替えられます。画面を下方向にスライドします。

2 ステータスパネルが表示され、機能ボタンが8個表示されます。左方向にスワイプすると、別の機能ボタンを表示できます。画面を2回上にスワイプすると、ステータスパネルが閉じます。

MEMO 機能ボタンのそのほかの機能

機能ボタンを長押しすると、「設定」アプリの該当項目が表示されて、詳細な設定を行うことができます。手順2の画面で、右下の◎をタップすると、「設定」アプリを開くことができます。また、画面上部のスライダーを左右にドラッグすると、画面の明るさを調節することができます。

ステータスパネルを編集する

ステータスパネルの機能ボタンは編集して並び替えることができます。よく使う機能の機能ボタンを上位に配置して使いやすくしましょう。また、非表示になっている機能ボタンを追加したり、あまり使わない機能ボタンを非表示にすることもできます。

1 P.24手順2の画面を左にスワイプします。

2 次のページに移動してほかの機能ボタンが表示されます。✐をタップすると、編集モードになります。

3 編集モード中に機能ボタンを長押ししてドラッグすると、並び替えることができます。

4 画面の下部には非表示の機能ボタンがあります。機能ボタンを長押しして上部にドラッグするとステータスパネルに追加することができます。

> **MEMO 機能ボタンの配置を元に戻す**
>
> 編集モードで、右上の ⋮ → [リセット] をタップすると、機能ボタンの配置を初期状態に戻すことができます。

Section 017

マナーモードを設定する

OS・Hardware

マナーモードは、機能ボタンや音量キーから設定できます。マナーモードには、「バイブ」と「ミュート」の2つのモードがあります。なお、マナーモード中でも、音楽などのメディアの音声は消音されません。

機能ボタンから設定する

1 ステータスバーを下方向にスライドします。

2 お知らせパネルが開きます。標準では、この画面にマナーモードの機能ボタンが表示されているので、タップします。

3 マナーモード（バイブ）が設定されます。再度タップします。

4 マナーモード（ミュート）が設定されます。再度タップすると、マナーモードが解除され、手順2の画面に戻ります。

音量キーから設定する

1 音量UP／DOWNキーを押します。

2 ［マナー OFF］をタップします。

3 表示されたマナーモードを選んで（ここでは［バイブ］）、タップします。

4 マナーモード（バイブ）が設定されます。同様の操作で、マナーモード（ミュート）やマナーモードの解除が設定できます。

Section 018

ジェスチャーで操作する

OS・Hardware

AQUOS sense9では、画面のタッチ操作以外にキーを押したり、画面をタップしたりすることで行える特定の操作（ジェスチャー）を利用することができます。たとえば、電源キーを2度押してカメラを起動できるなどのジェスチャーが用意されています。

1 P.16を参考にアプリ一覧画面を表示し、［設定］→［システム］の順にタップします。

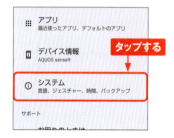

2 ［ジェスチャー］をタップします。

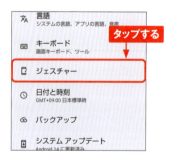

3 有効にしたいジェスチャー（ここでは［カメラをすばやく起動］）をタップします。

4 ［カメラをすばやく起動］をタップしてオンにします。

MEMO 片手モード

手順3の画面で［片手モード］をオンにすると、画面全体が下がって表示されます。画面上部の表示に親指が届いて、片手で操作しやすくなります。

Section 019

OS・Hardware

アプリアイコンを操作する

アプリアイコンのメニューを使うと、関連機能をすばやく操作することができます。メニューはアプリによって異なります。たとえば「Chrome」アプリでは、新しいタブやシークレットタブを開くことができ、「電話」アプリでは、よく使う連絡先をすばやく開いたり、新しい連絡先を追加したりすることができます。

1 メニューを表示したいアプリアイコンをロングタッチします。

2 メニューが表示されたら、操作候補をタップします。なお、⓵をタップするとアプリ情報が表示されます。

3 手順2でタップした操作が実行されます。

TIPS 通知ドットの表示を設定する

アプリに通知があると、アプリアイコンの右上に通知ドットが表示されます。通知ドットを非表示にするには、ホーム画面を長押しして、［ホームの設定］→［通知ドット］をタップしてオフにします。

29

Section 020

アプリアイコンを整理する

OS・Hardware

標準でインストールされているアプリのアイコンの全部は、ホーム画面に表示されていません。アプリ一覧画面からアイコンをホーム画面に表示することができます。また、アイコンをホーム画面の右端にドラッグすると、ホーム画面のページを増やすことができます。

アプリアイコンをホーム画面に追加する

1 アプリ一覧画面を表示します。ホーム画面に追加したいアプリアイコンをロングタッチし、画面上部の[ホーム画面に追加]までドラッグして指を離します。

2 ホーム画面に切り替わったら、アイコンをロングタッチして、追加したい場所までドラッグします。

3 ホーム画面にアプリアイコンが追加されます。

MEMO アイコンを削除する／アプリをアンインストールする

アプリアイコンをホーム画面から削除するには、アイコンをロングタッチして画面上部の[削除]までドラッグします。[アンインストール]までドラッグすると、アプリがアンインストールされます。

アプリアイコンをフォルダにまとめる

1. ホーム画面でアプリアイコンをロングタッチし、フォルダにまとめたい別のアプリアイコンまでドラッグして指を離します。

2. フォルダが作成されます。フォルダをタップします。

3. フォルダが開きます。フォルダ名を設定するには、[名前の編集] をタップします。

4. フォルダ名を入力します。

TIPS ショートカットを追加する

ホーム画面には、「連絡帳」アプリの連絡先や、「Chrome」アプリのブックマークなどのショートカットをウィジェットとして追加することもできます。連絡先のショートカットを追加する場合は、連絡先を表示した状態で、[ホーム画面に追加] をタップします。

Section 021

OS・Hardware

2つのアプリを同時に表示する

画面を上下に分割表示して、2つのアプリを同時に操作することができます。たとえば、Webページで調べた地名をマップで見たり、メールの文面をコピペして別の文書に保存したりといった使い方ができます。

1 P.18手順2の画面で、アプリ上部のアイコンをタップします。

2 [分割画面] をタップします。

3 左右にスワイプして、2つ目のアプリを選んでタップします。

4 2つのアプリが画面上下に分割表示されます。分割バーを上下にドラッグすると、アプリの表示の比率を変えることができます。単独表示に戻すには、バーを画面の一番上または下までドラッグします。

Section 022

ウィジェットを利用する

OS・Hardware

ウィジェットとは、アプリの一部の機能をホーム画面上に表示するものです。ウィジェットを使うことで、情報の確認やアプリの起動をかんたんに行うことができます。利用できるウィジェットは、対応するアプリをインストールして追加することができます。

1 ホーム画面をロングタッチし、[ウィジェット]をタップします。

2 利用できるウィジェットが一覧表示されるので、追加したいウィジェットの項目をタップし、ウィジェットを選択してロングタッチして画面上部にドラッグします。

3 ホーム画面に切り替わったら、そのまま追加したい場所までドラッグして指を離します。

MEMO ウィジェットをカスタマイズする

ウィジェットの中には、ロングタッチして上下左右のハンドルをドラッグすると、サイズを変更できるものがあります。また、ウィジェットをロングタッチしてドラッグすると移動でき、ホーム画面上部の[削除]までドラッグすると削除できます。

Section 023

Google検索バーを利用する

OS・Hardware

ホーム画面下部に固定されているGoogle検索バーでは、Web検索やインストールしているアプリを見つけることができます。また、GoogleアシスタントとGoogleレンズを起動することもできます。なお、Google検索バーは、非表示にしたり表示位置を変えたりすることはできません。

1 ホーム画面でGoogle検索バーをタップします。なお、🎤をタップするとGoogleアシスタントが、📷をタップするとGoogleレンズが起動します。

2 検索欄に検索語を入力します。該当するアプリがある場合はアプリが表示されます。Web検索するには🔍をタップします。

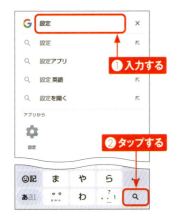

3 「Google」アプリが起動して、Web検索の結果が表示されます。

MEMO 検索履歴を利用する

Google検索バーには、手順**2**の画面のように検索した履歴や候補が表示されます。同じキーワードで検索したい場合は履歴をタップします。履歴を削除する場合は、ロングタッチして[削除]をタップします。

Section 024

ダークモードを解除する

OS・Hardware

ダークモードは、黒が基調の画面表示で、バッテリー消費を抑えられる上に、発光量が少ないので目にもやさしくなります。AQUOS sense9では標準でオンになっていますが、オフにすることもできます。なお、本書はダークモードをオフにした画面で解説しています。

1 アプリ一覧画面で［設定］をタップし、［ディスプレイ］をタップします。

2 ダークモードの をタップします。

3 ダークモードがオフになります。

MEMO ステータスパネルから切り替える

P.25を参考に「ダークモード」を機能ボタンに追加すれば、ステータスパネルからダークモードのオン／オフができます。

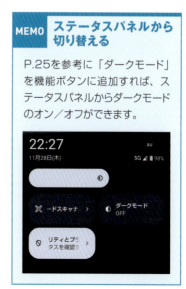

Section 025

壁紙とUIの色を変更する

OS・Hardware

Android12から採用された「Material You」を利用することで、メニュー、ボタンの配色を候補から選んだり、テーマアイコン(壁紙に合わせた色のアプリアイコン)を使うことができます。

壁紙とUIの色を変更する

1 ホーム画面を長押しして、[壁紙とカスタマイズ]をタップします。

2 [壁紙]をタップします。

3 壁紙のプレビューが表示されるので、[保存]をタップします。

4 壁紙を設定する画面を選んでタップすると、壁紙が設定されます。

5 P.36手順2の画面を再び表示して[カラースタイル]→[壁紙の色]をタップし、UIの配色を候補から選びます。

6 UIの配色が設定されます。

テーマアイコンを使う

1 P.36手順2の画面で、[アプリアイコン]→[テーマアイコン]をタップしてオンにします。

2 テーマアイコンが適用されます。

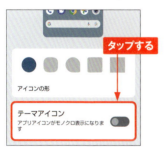

MEMO 画面に並ぶアイコン数を設定する

アプリ一覧画面で[設定]をタップし、[ディスプレイ]→[AQUOS Homeのカスタマイズ]→[ホーム画面グリッド]の順にタップすると、ホーム画面に配置できるアイコン数を変更することができます。標準のグリッド数は5×5ですが、それより少なくすれば、アイコンが大きく表示されるようになります。

Section **026**

文字を入力する

キーボード

AQUOS sense9では、ソフトウェアキーボードで文字を入力します。「12キー」（一般的な携帯電話の入力方法）や「QWERTY」などを切り替えて使用できます。

AQUOS sense9の入力方法

1

12キー

QWERTY

手描き

GODAN

MEMO **5種類の入力方法**

文字の入力方法は、携帯電話で一般的な「12キー」、パソコンと同じ「QWERTY」、「手書き」、「GODAN」、「五十音」の入力方法があります。なお、本書では「手書き」と「GODAN」、「五十音」は解説しません。

QWERTYを追加する

1 キー入力が可能な画面（ここでは「Google検索」の画面）になると、初回は選択画面が表示されるので［スキップ］をタップします。「12キー」が表示されます。✿をタップします。

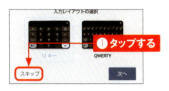

2 ［言語］→［日本語］の順にタップします。

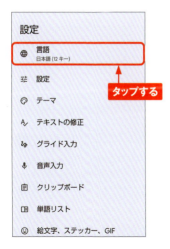

3 ［QWERTY］をタップしてチェックを付け、［完了］をタップします。←を2回タップして手順**1**の画面に戻ります。

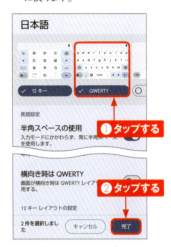

4 ⊕をタップするとQWERTYに変わります。⊕をタップするごとに入力方法が変わります。

12キーで文字を入力する

●トグル入力を行う

1. 12キーは、一般的な携帯電話と同じ要領で入力が可能です。たとえば、あを5回→かを1回→さを2回タップすると、「おかし」と入力されます。

2. 変換候補から選んでタップすると、変換が確定します。手順1で∨をタップして、変換候補の欄をスワイプすると、さらにたくさんの候補を表示できます。

●フリック入力を行う

1. 12キーでは、キーを上下左右にフリックすることでも文字を入力できます。キーをロングタッチするとガイドが表示されるので、入力したい文字の方向へフリックします。

2. フリックした方向の文字が入力されます。ここでは、たを下方向にフリックしたので、「と」が入力されました。

QWERTYで文字を入力する

1 QWERTYでは、パソコンのローマ字入力と同じ要領で入力が可能です。たとえば、g→i→j→uの順にタップすると、「ぎじゅ」と入力され、変換候補が表示されます。候補の中から変換したい単語をタップすると、変換が確定します。

2 文字を入力し、[変換]をタップしても文字が変換されます。

3 希望の変換候補にならない場合は、◀／▶をタップして文節の位置を調節します。

4 ←をタップすると、濃いハイライト表示の文字部分の変換が確定します。

文字種を変更する

1 あa1をタップするごとに、「ひらがな漢字」→「英字」→「数字」の順に文字種が切り替わります。「あ」がハイライトされているときには、日本語を入力できます。

2 「a」がハイライトされているときには、半角英字を入力できます。あa1をタップします。

3 「1」がハイライトされているときには、半角数字を入力できます。再度あa1をタップすると、日本語入力に戻ります。

MEMO キーボードの切り替え

キーボードの⊕をタップするごとに、登録してある入力モードが切り替わります。

絵文字や記号、顔文字を入力する

1 絵文字や記号、顔文字を入力したい場合は、☺記をタップします。

2 ☺をタップして、「絵文字」の表示欄を上下にスワイプし、目的の絵文字をタップすると入力できます。☆をタップします。

3 手順2と同様の方法で「記号」を入力できます。:-)をタップします。

4 「顔文字」を入力できます。あいうをタップします。

5 通常の文字入力画面に戻ります。

Section 027

別の言語のキーボードを追加する

キーボード

AQUOS sense9のソフトウェアキーボードには、別の言語のキーボードを追加できます。
別の言語キーボードを追加すれば、切り替えは、日本語キーボードと同じ操作でできます。

1 ソフトウェアキーボードを表示して、✿をタップします。

2 [言語] → [キーボードを追加] の順にタップします。

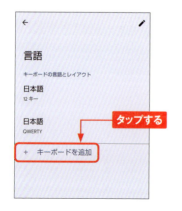

3 目的の言語を検索します。検索ボックスをタップして、言語の名前を入力します。

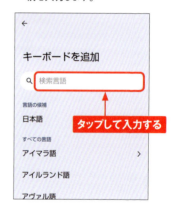

4 候補が表示されるので、タップします。

5 追加するキーボードの種類をタップして選択し、[完了]をタップします。

6 キーボードが追加されました。←を2回タップすると、P.44手順**1**の画面に戻ります。

7 入力画面で、⊕をタップします。

8 キーボードが切り替わり、追加した別の言語のキーボードを利用することができます。

Section 028

キーボードをフロートさせる

キーボード

キーボードのフローティングを設定すると、キーボードの位置を自由に動かしたり縮小したりできるようになります。アプリによって、情報が表示される領域が狭いと感じた場合などに利用すると、作業しやすくなるでしょう。また、キーボードを縮小して左右に寄せることで、手の小さい人でも片手入力がしやすくなります。

1 テキストの入力画面で、■をタップします。

2 [フローティング]をタップします。ここで[片手モード]をタップすると、片手モードになります。

3 キーボードが浮いたようになります。同じ手順でフローティングを解除できます。

4 キーボードの下部をタップしてドラッグすると、移動することができます。

MEMO キーボードを縮小する

キーボードを縮小したい場合は、手順4の画面で、キーボードの四隅のどれか1つを選んで斜め方向にドラッグすると、大きさを調整することができます。

Section 029

テキストをコピー&ペーストする

アプリなどの編集画面でテキストをコピーすることができます。また、コピーしたテキストは別のアプリなどにペースト（貼り付け）して利用することができます。コピーのほか、テキストを切り取ってペーストすることもできます。

1 テキストの編集画面で、コピーしたいテキストを長押しします。

2 ●●を左右にドラッグしてコピーする範囲を指定し、[コピー]をタップします。なお、[切り取り]をタップすると切り取れます。

3 ペーストしたい位置をタップし、[貼り付け]をタップします。

4 テキストがペーストされます。

47

Section **030**

Wi-Fiを利用する

「設定」アプリ

自宅のインターネットのWi-Fiアクセスポイントや公衆無線LANなどのWi-Fiネットワークがあれば、モバイル回線を使わなくてもインターネットに接続して、より快適に楽しめます。

Wi-Fiに接続する

1 アプリ一覧画面で[設定]をタップし、[ネットワークとインターネット]をタップします。

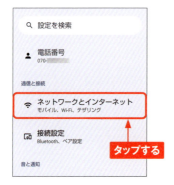

2 [Wi-Fiとモバイルネットワーク]をタップします。

3 接続したいWi-Fiネットワーク名をタップします。

4 パスワードを入力し、必要に応じてほかの設定をして、[接続]をタップすると、Wi-Fiネットワークに接続できます。

Wi-Fiネットワークを追加する

1 Wi-Fiネットワークに手動で接続する場合は、P.48手順 3 の画面の下部にある[ネットワークを追加]をタップします。

2 「ネットワーク名」を入力し、「セキュリティ」欄をタップします。

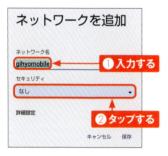

3 適切なセキュリティの種類をタップして選択します。

4 「パスワード」を入力して[保存]をタップすると、Wi-Fiネットワークに接続できます。

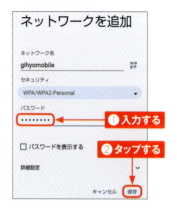

MEMO Wi-Fiの接続設定を削除する

Wi-Fiの接続設定を削除したいときは、P.48手順 3 の画面で、接続済みのWi-Fiネットワーク名をタップして、[削除]をタップします。

Section **031**

「設定」アプリ

Googleアカウントを設定する

GoogleアカウントをAQUOS sense9に設定すると、Googleが提供するサービスが利用できるようになります。AndroidスマートフォンではGoogleアカウントの設定は必須といってよいでしょう。ここではGoogleアカウントを作成して設定します。すでに作成済みのGoogleアカウントを設定することもできます。

1. アプリ一覧画面で[設定]をタップし、[パスワードとアカウント]をタップします。

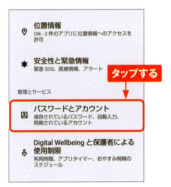

2. [アカウントを追加]をタップします。

3. 「アカウントの追加」画面が表示されるので、[Google]をタップします。

MEMO　Googleアカウントとは

Googleアカウントを作成すると、Googleが提供する各種サービスへログインすることができます。アカウントの作成に必要なのは、メールアドレスとパスワードの登録だけです。AQUOS sense9にGoogleアカウントを設定しておけば、Gmailなどのサービスがかんたんに利用できます。

4 [アカウントを作成]→[個人で使用]の順にタップします。すでに作成したアカウントを使うには、アカウントのメールアドレスまたは電話番号を入力します(右下のMEMO参照)。

5 上の欄に「姓」、下の欄に「名」を入力し、[次へ]をタップします。

6 生年月日と性別をタップして設定し、[次へ]をタップします。

7 [自分でGmailアドレスを作成]をタップして、希望するメールアドレスを入力し、[次へ]をタップします。

MEMO 既存のアカウントの利用

作成済みのGoogleアカウントがある場合は、手順**4**の画面でメールアドレスまたは電話番号を入力して、[次へ]をタップします。次の画面でパスワードを入力すると、「ようこそ」画面が表示されるので、[同意する]をタップし、P.53手順**13**以降の解説に従って設定します。

8 パスワードを入力し、[次へ] をタップします。

9 パスワードを忘れた場合のアカウント復旧に使用するために、使用している電話番号を登録します。ここでは [はい、追加します] をタップします。

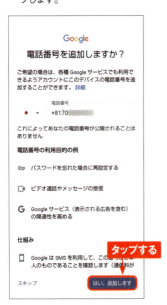

10 「アカウント情報の確認」画面が表示されたら、[次へ] をタップします。

11 「プライバリーポリシーと利用規約」の内容を確認して、[同意する] をタップします。

12 利用したいGoogleサービスがオンになっていることを確認して、[同意する]をタップします。

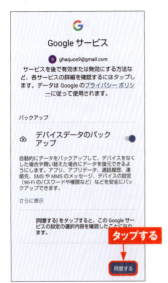

13 P.50手順2の過程で表示される「パスワードとアカウント」画面に戻ります。Googleアカウントをタップします。

14 [アカウントの同期]をタップします。

15 Googleアカウントで同期可能なサービスが表示されます。サービス名をタップして、 にすると、同期が解除されます。

MEMO Googleアカウントの削除

手順14の画面で[アカウントを削除]をタップすると、GoogleアカウントをAQUOS sense9から削除することができます。

Section 032

スクリーンショットを撮る

OS・Hardware

画面をキャプチャして、画像として保存するのがスクリーンショットです。表示されている画面だけでなく、スクロールして見るような画面の下部にある範囲をキャプチャして、長い画像として保存できます。※キャプチャ範囲の拡大ができない場合や非対応のアプリがあります。

1 電源キーと音量DOWNキーを押します。

2 画面がキャプチャされて、画面の左下にアイコンとして表示されます。画面をスクロールして長い画像を保存する場合は、[キャプチャ範囲を拡大]をタップします。

3 キャプチャ範囲が拡大して表示されます。ハンドルをドラッグして範囲を変更し、[保存]をタップします。

MEMO アプリの履歴から撮る

起動中のアプリの画面は、P.18手順2の画面で[スクリーンショット]をタップして、キャプチャすることもできます。

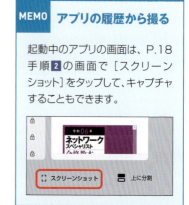

WebとGoogleアカウント の便利技

Chapter
2

Section **033**

ChromeでWebページを表示する

Application

AQUOS sense9には、インターネットの閲覧アプリとして「Chrome」アプリが標準搭載されています。「Chrome」アプリを利用して、Webページの閲覧や情報の検索などが行えます。

Chromeを起動する

1 ホーム画面で◎をタップします。

2 「Chrome」アプリが起動します。初回は[○○(AQUOS sense9に設定したGoogleアカウント)として続行]をタップし、画面の指示に従って操作します。この画面が表示されたら、[検索またはURLを入力]をタップします。

3 WebページのURLを入力して、→をタップすると、入力したURLのWebページが表示されます。

MEMO Webページ表示中に別のWebページを表示する

Webページ表示中にほかのWebページを表示するには、画面上部の「アドレスバー」にURLを入力します。また、調べたい語句を入力すると、検索ができます。アドレスバーが見えないときは、画面を下方向にフリックすると表示されます。

Webページを移動する

1 Webページの閲覧中に、リンク先のページに移動したい場合、ページ内のリンクをタップします。

2 リンク先のWebページが表示されます。画面の左端から右方向にスワイプすると、前に表示していたWebページに戻ります。

3 画面右上の︙(「Chrome」アプリに更新がある場合は、●) をタップして、→をタップすると、前のWebページに進みます。

4 ︙をタップして C をタップすると、表示ページが更新されます。

57

Section **034**

Chromeのタブを使いこなす

Chrome

「Chrome」アプリはタブを切り替えて同時に開いた複数のWebページを表示することができます。複数のページを交互に参照したいときや、常に表示しておきたいページがあるときに利用すると便利です。またグループ機能を使うと、タブをまとめたりアイコンとして操作できたりして、管理しやすくなります。

Webページを新しいタブで開く

1 「Chrome」アプリを起動して、⋮をタップします。

2 [新しいタブ] をタップします。

3 新しいタブが表示されます。

MEMO グループとは

「Chrome」アプリは、複数のタブをまとめるグループ機能を使うことができます（P.60〜61参照）。よく見るWebページのジャンルごとにタブをまとめておくと、情報を探したり、比較したりしやすくなります。またグループ内のタブはアイコン表示で操作できるので、追加や移動などもかんたんに行えます。

タブを切り替える

1 複数のタブを開いた状態でタブ切り替えアイコンをタップします。

2 現在開いているタブの一覧が表示されるので、表示したいタブをタップします。

3 タップしたタブに切り替わります。

MEMO タブを閉じる

不要なタブを閉じたいときは、手順 2 の画面で、右上の×をタップします。なお、最後に残ったタブを閉じると、Chromeが終了します。

グループを表示する

1 ページ内のリンクをロングタッチします。

2 ［新しいタブをグループで開く］をタップします。

3 新しいタブがグループで開き、画面下にタブの切り替えアイコンが表示されます。新しいタブのアイコンをタップします。

4 新しいタブのページが表示されます。

グループを整理する

1 P.60手順 3 の画面で右下の [+] をタップすると、グループ内に新しいタブが追加されます。画面右上のタブ切り替えアイコンをタップします。

2 現在開いているタブの一覧が表示され、グループの中に複数のタブがまとめられていることがわかります。グループをタップします。

3 グループが大きく表示されます。タブの右上の [×] をタップします。

4 グループ内のタブが閉じます。← をタップすると、現在開いているタブの一覧に戻ります。

5 グループにタブを追加したい場合は、追加したいタブを長押しし、グループにドラッグします。

6 グループにタブが追加されます。

Section **035**

Webページ内の単語をすばやく検索する

Chrome

「Chrome」アプリでは、Webページ上の単語をタップすることで、その単語についてすばやく検索することができます。なお、モバイル専用ページなどで、タップで単語を検索できない場合はロングタッチして文章を選択します（MEMO参照）。

1 「Chrome」アプリでWebページを開き、検索したい単語をタップします。

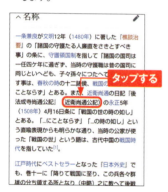

2 画面下部に選んだ単語が表示されるので、タップします。

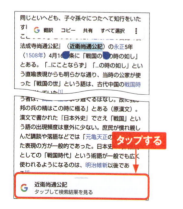

3 検索結果が表示されます。

MEMO 文章を検索する

文章を検索するには、Webページ上の検索したい部分をロングタッチし、の を左右にドラッグして文章範囲を選択し、[ウェブ検索] をタップします。

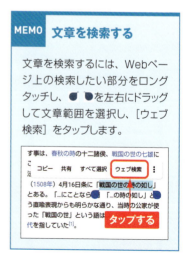

Section **036**

Chrome

Webページの画像を保存する

「Chrome」アプリでは、Webページ上の画像をロングタッチすることでかんたんに保存することができます。画像は本体内の「Download」フォルダに保存されます。「フォト」アプリで見る場合は、「フォト」アプリで［ライブラリ］→［Download］の順にタップします。また、「Files」アプリの「ダウンロード」から開くこともできます（P.142参照）。

1 「Chrome」アプリでWebページを開き、保存したい画像をロングタッチします。

2 ［画像をダウンロード］をタップします。

3 ［開く］をタップします。

4 保存した画像が表示されます。

Section 037

住所などの個人情報を自動入力する

Chrome

「Chrome」アプリでは、あらかじめ住所やクレジットカードなどの情報を設定しておくことで、Webページの入力欄に自動入力することができます。入力欄の仕様によっては、正確に入力できない場合もあるので、正確に入力できなかった部分を編集するようにしてください。

1 画面右上の︙をタップし、[設定]をタップします。

2 住所などを設定するには[住所やその他の情報]を、クレジットカードを設定するには[お支払い方法]をタップします。

3 「お支払方法の保存と入力」または「住所の保存と入力」がオンになっていることを確認し、[住所を追加]または[カードを追加]をタップします。

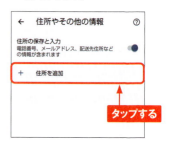

4 情報を入力し、[完了]をタップします。

Section **038**

パスワードマネージャーを利用する

Chrome

「パスワードマネージャー」は、WebサービスのログインIDとパスワードをGoogleアカウントに紐づけて保存します。以降は、ログインIDの入力欄をタップすると、自動ログインできるようになります。保存したパスワードの管理には、ロック画面解除の操作が必要です。

1 「Chrome」アプリの画面右上の⋮をタップし、[設定] → [パスワードマネージャー] の順にタップします。

2 ⚙をタップします。

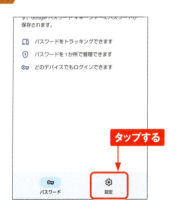

3 設定がオンになっていることを確認します。Webページでパスワードを入力後、[保存] をタップするとパスワードが保存され、以降、自動ログインできるようになります。手順 **2** の画面で、保存してあるパスワードを管理できるようになります。

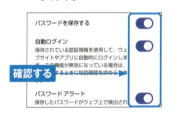

MEMO パスワードを編集する

パスワードを保存すると、手順 **2** の画面に保存したサイトの一覧が表示されます。これをタップすると、パスワードの編集を行うことが可能です。

Section 039

「Google」アプリ

Google検索を行う

「Google」アプリは、自分に合わせてカスタマイズした情報を表示させたり、Google検索をしたりすることができるアプリです。また、ホーム画面上のGoogle検索バー（P.14参照）を使うとすばやく検索できます。Webページを検索、表示できる点はChromeと同じですが、機能などが異なります。

1 P.16を参考にアプリ一覧画面を表示し、[Google] → [Google] をタップします。

2 検索するキーワードを入力し、🔍 をタップします。

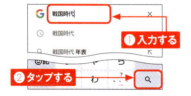

3 キーワードに関連する検索結果が表示されます。

MEMO そのほかの使いかた

検索ボックスをタップした際に表示される検索履歴の ↖ をタップすると、AND検索の候補が表示され、タップするとAND検索を行うことができます。なお、検索履歴を削除するには、削除したい検索履歴をロングタッチし、[削除] をタップします。また、🎤 をタップすると、音声入力の検索や、周辺で流れている音楽を調べることができます。

Section 040

「Google」アプリ

Discoverで気になるニュースを見る

Google Discoverは、Webページの検索など、Googleサービスで行った操作や、フォローしているコンテンツをもとに、ユーザーが興味を持ちそうなトピックを表示する機能です。新しいトピックはもちろん、ユーザーが関心を持ちそうな古いトピックも表示されます。ニュースや天気などの概要が表示された「カード」をタップすることで、ソースのWebページが表示されます。

1 ホーム画面を右方向にスワイプします。

2 Google Discoverが表示されます。カードをタップします。

3 Webページが表示されます。

TIPS 表示頻度を上げる

好きなカードの右下にある高評価アイコン♡をタップすると、そのトピックの表示頻度が上がります。

Section **041**

「Google」アプリ

最近検索したWebページを確認する

「Google」アプリで検索したり、Google Discover（P.67参照）で見たりしたWebページは、あとから「Google」アプリの「検索履歴」で確認することができます。

1 「Google」アプリを起動して、右上のアカウントアイコンをタップします。

2 ［検索履歴］をタップします。

3 最近検索したWebページが表示されます。画面を上下にスワイプして確認します。［削除］をタップすると、削除する検索履歴の範囲を指定することが可能です。

TIPS Web履歴をまとめて削除する

Chromeの利用履歴も含めて、Googleアカウントで検索、表示したWeb履歴は、「検索履歴」から確認したりまとめて削除したりすることができます（P.73参照）。

Section 042

Googleレンズで似た製品を調べる

「Googleレンズ」

Googleレンズは、カメラで対象物を認識・分析することで、関連する情報などを調べることができる機能です。ここでは、Googleレンズで似た製品を検索する例を紹介します。好みの製品に近いものを探したい場合などに活用するとよいでしょう。

1 Google検索ウィジェットの🔍をタップします。

2 🔍→[カメラで検索]の順にタップします。

3 検索の対象物にカメラを向けて、シャッターボタンをタップすると、検索結果が表示されます。

MEMO カメラへのアクセス許可

Googleレンズを最初に使用する際は、カメラへのアクセスを許可する必要があります。

Section 043

Googleレンズで植物や動物を調べる

「Googleレンズ」

Googleレンズでは、植物や動物を認識することができます。類似した種別がある場合は複数の候補が表示されます。公園や森などで、名前を知らない植物や動物を見つけたときに活用するとよいでしょう。

1 P.69手順2の画面で、カメラを植物や動物に向け、シャッターボタンをタップします。

2 候補が表示されるので、いずれかの候補をタップします。

3 詳細が表示されます。

TIPS QRコードを読み取る

カメラをQRコードに向けて、表示されたURLやコンテンツ名をタップするとWebページが表示されます。

Section 044

「Googleレンズ」

Googleレンズで文字を読み取る

Googleレンズで文字を読み取ってテキスト化することができます。テキストをパソコンに直接コピーすることもできます。

1 Googleレンズを起動して文字にかざし、シャッターボタンをタップします。

2 [テキストを選択] をタップします。

3 P.47を参考にコピーしたいテキストを選択し、[コピー] をタップすると、テキストとしてコピーされ、ほかのアプリにペーストして利用することができます。

TIPS パソコンにテキストをコピーする

手順3の画面で ︙ → [パソコンにコピー] の順にタップすると、パソコンにテキストをコピーすることができます。パソコンのChromeが同じGoogleアカウントでログインしていることが条件になります。

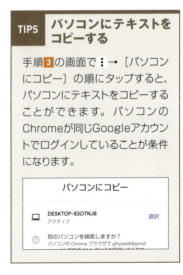

Section 045

Googleアカウントの情報を確認する

「Google」アプリ

Googleアカウントの情報は、「Google」アプリなど、Google製のアプリから確認することができます。登録している名前やパスワードの確認と変更や、プライバシー診断、セキュリティの確認などを行うことができます。

1 「Google」アプリを開き、右上のアカウントアイコンをタップします。

2 ［Googleアカウントを管理］をタップします。

3 Googleアカウントの管理画面が表示されます。

4 タブをタップするとそれぞれの情報を確認できます。

Section 046

「Google」アプリ

アクティビティを管理する

Googleアカウントを利用した検索、表示したWebページ、視聴した動画、利用したアプリなどの履歴を「アクティビティ」と呼びます。「Google」アプリで、これらのアクティビティを管理することができます。ここでは例として、Web検索の履歴の確認と削除の方法を解説します。

1 P.72手順2の画面で[検索履歴]をタップします。

2 画面下部に、直近のWeb検索と見たWebページの履歴が表示されます。画面を下にスクロールすると、さらに過去の履歴を見ることができます。×をタップすると履歴を削除できます。

TIPS アクティビティをもっと見る

手順2の画面で[管理]をタップすると、「ウェブとアプリのアクティビティ」で、アプリの利用履歴を確認することができます。また、利用履歴の保存をオフにすることも可能です。

Section **047**

プライバシー診断を行う

「Google」アプリ

Googleアカウントには、ユーザーの様々なアクティビティやプライバシー情報が保存されています。プライバシー診断では、それらの情報の確認や、情報を利用した後に削除するように設定することができます。プライバシー診断に表示される項目は、Googleアカウントの利用状況により変わります。

1 P.72手順4の画面で、[データとプライバシー] をタップし、「プライバシーに関する提案が利用可能」の [プライバシー診断を行う] をタップします。

2 ウェブとアプリのアクティビティの設定の確認と変更を行うことができます(P.73参照)。[次へ]をタップします。

MEMO プライバシーに関する提案

手順1の画面が表示されずに、「プライバシーに関する提案」が表示された場合は、タップして確認します。

3 ロケーション履歴の設定の確認と変更を行うことができます。[次へ] をタップします。

4 YouTube利用履歴の確認と変更を行うことができます。[次へ] をタップします。

5 広告のカスタマイズ方法の確認と変更を行うことができます。[次へ] をタップします。

6 公開するプロフィール情報の確認と変更を行うことができます。[次へ] をタップします。

7 YouTubeで共有する情報の設定の確認と変更を行うことができます。

8 プライバシー診断を終えたら、[Googleアカウントを管理]をタップして、手順1の画面に戻ります。

Section 048

Googleアカウントに2段階認証を設定する

「設定」アプリ

2段階認証とは、ログインを2段階にしてセキュリティを強化する認証のことです。Googleアカウントの2段階認証プロセスをオンにすると、指定した電話番号に認証コードが送信され、Googleアカウントへのログイン時にその認証コードが求められるようになります。

1 アプリ一覧画面で［設定］をタップし、［パスワードとアカウント］→Googleのアカウント名→［Googleアカウント］の順にタップします。

2 タブを左方向にスワイプし、［セキュリティ］→［2段階認証プロセス］→［使ってみる］の順にタップし、ログインして［続行］をタップします。

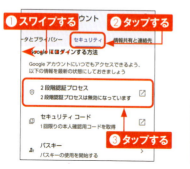

3 認証コードを受け取る電話番号を入力し、［送信］をタップします。

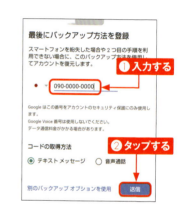

4 手順3で入力した電話番号に送られる認証コードを入力し、［次へ］→［有効にする］の順にタップします。

写真や動画、音楽の便利技

Chapter
3

Section 049

写真を撮影する

「カメラ」アプリ

AQUOS sense9には、高性能なカメラが搭載されています。さまざまなシーンで自動で最適の写真や動画が撮れるほか、モードや設定を変更することで、自分好みの撮影ができます。

写真を撮影する

1 ホーム画面で ◉ をタップします。

2 カメラを被写体に向け、シャッターボタンをタップすると、オートフォーカスで写真が撮影できます。

3 被写体をタップすると、タップした被写体にフォーカスが合います。AEアイコンをドラッグして露出を決めてから、撮影できます。別の場所をタップすれば、フォーカスを解除できます。

4 被写体をロングタッチすると、フォーカスや露出をロックすることができます。

ズームを利用する

1 カメラを被写体に向け、画面をピンチ（ここではピンチアウト）します。

2 被写体が拡大し、下部に倍率が表示されます。シャッターボタンをタップすると、写真が撮影できます。

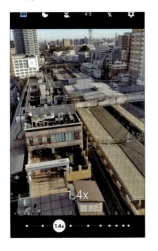

3 ズームは、画面下部の倍率部分を左右にドラッグすることでも行えます。

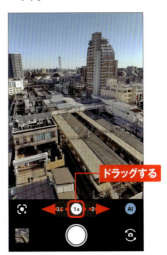

4 この方法の場合、ピンチよりズーム倍率を設定しやすくなります。

「カメラ」アプリの写真モード画面

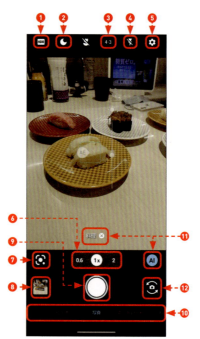

❶	HDR。HDR機能が動作中に点灯します。タップして「オートHDR」のオン/オフを切り替えられます。
❷	ナイト。ナイト機能が動作中に点灯します。タップして「オートナイト」のオン/オフを切り替えられます。
❸	写真サイズ。タップして静止画の撮影サイズを切り替えられます。
❹	フラッシュ。タップしてモバイルライトの撮影時点灯設定を変更できます。
❺	設定。「カメラ」アプリの「設定」画面を表示します(P.81参照)。
❻	ズーム倍率。左右にドラッグすることでズーム倍率を変更できます。
❼	Googleレンズ
❽	直前に撮影した写真データ。タップすると直前に撮影した写真データを確認できます。
❾	静止画撮影(シャッターボタン)
❿	撮影モード。左右にスライドして撮影モードを切り替えられます。
⓫	被写体認識機能。アイコンをタップして機能のオン/オフを切り替えられます。オンの場合、被写体を認識して、最適の設定で撮影できます。
⓬	インカメラ/アウトカメラ切替

「カメラ」アプリの設定を変更する

1 「カメラ」アプリを起動して、⚙をタップします。

2 「写真」モードのときは、「写真」の「設定」画面が表示されます。［写真サイズ］をタップします。

3 写真オンサイズをタップして変更することができます。

4 手順**2**の画面で、［動画］や［共通］をタップして、それぞれの設定を行えます。

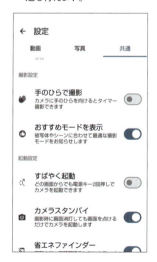

Section 050

動画を撮影する

「カメラ」アプリ

AQUOS sense9の高性能カメラでは、動画を撮影することもできます。動画撮影中に写真を撮影できますし、動画撮影中に自動で写真を撮るような設定にすることもできます。

1 「カメラ」アプリを起動し、撮影モードを右方向にスライドして、撮影モードを「ビデオ」に切り替えます。

スライドする

2 ●をタップすると、動画の撮影が始まります。

タップする

3 動画撮影中にシャッターボタンをタップすると、写真を撮影できます。動画撮影を終了するときは、■をタップします。

タップして写真撮影

タップする

MEMO 自動で写真を撮影する

動画撮影中に自動で写真を撮影するよう設定できます。写真はシーンの切り替わりなどに自動で撮影できます。設定するには、「カメラ」アプリを起動し、⚙→［動画］→［AIライブシャッター］の順にタップし、AIライブシャッター機能をオンにします。

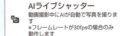

Section 051

ポートレートモードで撮影する

「カメラ」アプリ

AQUOS sense9では、人物や物体を撮影する際、背景をぼかすことができるポートレートモードを利用できます。ぼかしの度合いなどは撮影時に設定できます。

1 「カメラ」アプリを起動し、撮影モードを左方向にスライドして、撮影モードを「ポートレート」に切り替えます。

2 [ぼかし]をタップし、スライダーをドラッグしてぼかしの度合いを調節します。

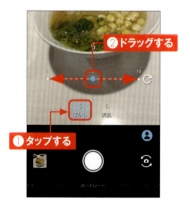

3 シャッターボタンをタップすると、ポートレートモードで写真を撮影できます。

MEMO インカメラのポートレートモード

インカメラのポートレートモードでは、セルフィー用の項目が利用できるので、アウトカメラのポートレートモードよりも、設定できる項目が増えます。

83

Section 052

片手で操作する

「カメラ」アプリ

AQUOS sense9の「カメラ」アプリは、片手で操作しやすいようになっています。P.85のシャッターボタンの移動と合わせれば、通常の撮影は片手でほとんどできるようになります。

●「写真」モード時の動画撮影

1 「カメラ」アプリの「写真」モード時に、シャッターボタンをロングタッチします。

2 ロングタッチしている間、動画を撮影することができます。指を離すと、動画撮影が終了し、写真モードになります。

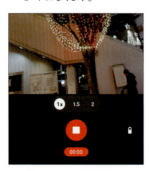

●インカメラとアウトカメラの切替

1 「カメラ」アプリを利用中、画面を上下のいずれかの方向にスワイプします。

2 アウトカメラからインカメラに切り替わります。再度画面を上下のいずれかの方向にスワイプすると、アウトカメラに戻ります。

Section **053**

シャッターボタンを押しやすい位置に移動する

「カメラ」アプリ

「カメラ」アプリの写真撮影時のシャッターボタンは、縦持ちでは画面下部になりますが、設定により押しやすい位置に移動できるシャッターボタンを追加できます。

1 「カメラ」アプリを起動して、⚙をタップします。

2 [写真] をタップし、[フローティングシャッター] をタップします。

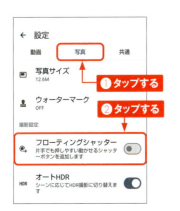

3 フローティングシャッターがオンになります。

4 「写真」モードの画面に戻ると、シャッターボタンが追加されているので、ドラッグして片手で押しやすい位置に移動します。

Section 054

「フォト」アプリで写真や動画を閲覧する

「フォト」アプリ

「フォト」アプリで写真や動画を見たり、管理したりできます。撮影した写真や動画は、自動的にグループ分けされ、Googleドライブにバックアップもできます。まずは、撮影した写真や動画を見る操作を確認しましょう。

1 「フォト」アプリを起動すると、本体内（バックアップ設定がオンの場合サーバー上も）の写真や動画が一覧で表示されます。見たい写真や動画をタップします。

2 写真が表示されます。動画の場合は、自動的に再生が始まります。写真は、ダブルタップやピンチで拡大することができます。画面を上方向にスワイプします。

3 写真や動画の情報を確認することができます。

4 手順 **1** の画面で［コレクション］をタップすると、本体内のフォルダやアルバムごとに分類された状態の写真や動画を確認することができます。

Section 055

「フォト」アプリ

写真を探す

撮影した写真はAI機能により、「フォト」アプリ内で、人物、撮影場所、被写体などのジャンルに分類されて探しやすくなっています。また、「フォト」アプリの検索機能を使うと、キーワードで写真を探したり、写真に写っている文字で探すことができます。

1 「フォト」アプリで［検索］をタップします。ジャンルごとに写真が分類されています。ジャンルを選んでタップします。

2 そのジャンルの写真が一覧表示されます。場所を選んだ場合は、上部に地図が表示されて写真の位置情報を確認することができます。

3 手順1の画面で検索ボックスをタップし、キーワードを入力すると写真が検索されます。

4 写真に写っている文字で検索することもできます。

87

Section **056**

「フォト」アプリ

写真を編集する

「フォト」アプリは、写真をさまざまに編集（効果や加工）する画像処理機能を備えています。［補正］をタップすると、AIにより写真が最適に補正されます。また、写真を自動判別して編集の候補が表示されます。

1 「フォト」アプリで写真を表示して［編集］→［補正］の順にタップすると、写真が自動補正されます。［保存］をタップして、［保存］か［コピーとして保存］を選びます。

2 候補以外の編集を行う場合は、下段の編集メニューを左右にスワイプして選びます。

3 編集メニューの［切り抜き］では、写真の大きさの変更や、トリミング、回転などを行うことができます。

4 編集メニューの［調整］では、写真の明るさや色味の変更、ノイズの除去などを行うことができます。

Section **057**

「フォト」アプリ

動画をトリミングする

「フォト」アプリでは、動画の編集を行うこともできます。動画の長さを自由にトリミングできるほか、手振れを補正したり、回転したりすることもできます。なお、編集した動画は新しいファイルとして保存されます。

1 「フォト」アプリで編集したい動画をタップして表示し、画面をタップして、[編集] をタップします。

❶タップする
❷タップする

2 ▯を左右にドラッグして、トリミングの範囲を選択します。

ドラッグする

3 [コピーを保存] をタップすると、新しいファイルとして保存されます。

タップする

MEMO そのほかの編集機能

手順 **2** の画面で ▢ をタップすると、手ぶれを補正することができます。一時停止して [フレーム画像をエクスポート] をタップすると、その場面を画像として保存することができます。

Section 058

「フォト」アプリ

アルバムで写真を整理する

「フォト」アプリでは、写真や動画をまとめたアルバムを作成することができます。旅行や場所など、写真の種類ごとにアルバムを作成しておけば、目的の写真をすばやく開いたり、アルバムごとにほかのユーザーと共有したりすることができるようになります。

1 「フォト」アプリで［思い出］をタップします。初回は、［思い出の作成］をタップします。

2 アルバムの名前を入力し、［写真を追加］をタップします。

3 写真や動画をタップして選択し、［追加］をタップします。

4 思い出が作成されます。

Section 059

「フォト」アプリ

写真やアルバムを共有する

「フォト」アプリは、写真や動画、アルバムをGoogleアカウントを持っているユーザーと共有することができます。メールやSNSアプリを使わずに、「フォト」アプリで送信と受信が完結します。またアルバムを共有した場合は、共有相手も写真の追加などを行うことができます。

写真を共有する

1 「フォト」アプリで写真やアルバムを表示して、[共有]をタップします。表示された共有先の候補を選んでタップします。[その他]をタップすると、ほかの連絡先が表示されます。

2 [送信]をタップします。

3 共有相手に通知が届きます。共有相手は「フォト」アプリを開いて、[共有]をタップし、届いたメッセージをタップします。

4 送信した写真が表示されるので、必要に応じて[保存]をタップします。

写真をリンクで共有する

共有相手がGoogleアカウントを持っていない場合は、写真のリンクをメールやメッセージ、SNSアプリで送信して写真を共有します。相手がリンクを開くとブラウザで写真が表示されます。相手がGoogleアカウントを持っている場合には、前ページと同様に「フォト」アプリで表示されます。

1 「フォト」アプリで写真やアルバムを表示して、[共有]をタップします。次の画面で[リンクを作成]をタップします。表示されていない場合は[その他]をタップします。

2 リンクの送信に使うアプリを選んでタップします。表示されていない場合は[その他]をタップします。

3 選んだアプリが開きます。送信相手を選んで、必要に応じてメッセージを追記して送信します。

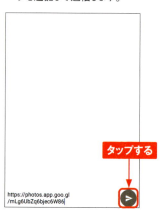

4 リンクを受け取った相手はリンクをタップすると、写真が表示されます。

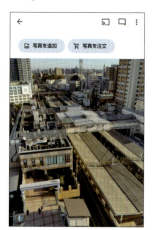

写真をQuick Shareで共有する

写真の共有相手がAndroidユーザーで、近くにいる場合は、Quick Shareで写真を送ることができます。Quick Shareは、Bluetoothで同期をとり、Wi-Fiを利用してデータを送信します。送受信の際には、相手をよく確かめて間違えないようにしましょう。

1 「フォト」アプリで写真やアルバムを表示して、[共有]をタップし、次の画面で[Quick Share]をタップします。表示されていない場合は[その他]をタップします。

2 Quick Shareがオンになり、Quick Shareを有効にしている付近のAndroidを探します。

MEMO Quick Shareをオンにする

Quick Shareを利用するには、共有相手もQuick Shareをオンにしておく必要があります。Quick Shareのオン/オフは機能ボタンから切り替えることができます。また、アプリ一覧画面で[設定]をタップし、[Google]→[デバイス、共有]→[Quick Share]で、オン/オフのほかに、公開設定を変更することができます。

3 見つかった送信先をタップします。

4 受信側は、[承認する] をタップします。

5 [開く] をタップします。

6 受信した写真が「Files」アプリで表示されます。

7 受信した写真は「Files」アプリの「ダウンロード」や、「フォト」アプリの「ライブラリ」→「Download」で確認することができます。

Section 060

「フォト」アプリ

写真をロックされたフォルダに保存する

プライベートな写真や人に見られたくない写真は、「フォト」アプリのロックされたフォルダに保存しましょう。保存した写真は「フォト」や「アルバム」には表示されず、検索できません。また、Googleドライブにもバックアップされません。ロックされたフォルダは、画面ロック解除の操作で開くことができます。

1 「フォト」アプリを開き、[コレクション] → [ロック中] の順にタップします。

2 [ロックされたフォルダを設定する] → [アイテムを移動する] をタップします。

3 写真を選択して、[移動] → [続行] の順にタップすると、ロックされたフォルダに保存されます。

4 ロックされたフォルダを開くときは、手順**1**の操作を行い、画面ロック解除の操作を行います。をタップすると、写真を追加することができます。

Section **061**

写真や動画を削除する

「フォト」アプリ

「フォト」アプリの写真が増えてきたら、削除して整理しましょう。ここでの削除は、「ゴミ箱」フォルダに移動する操作になり、**本体から完全に削除されるのは60日後になります。**

1 「フォト」アプリの画面で、削除したい写真や動画をロングタッチします。

2 [ゴミ箱] をタップします。この画面でほかに削除したい写真などがあれば、タップすると追加することができます。

3 [ゴミ箱に移動] をタップします。

4 削除直後であれば、[元に戻す] をタップすると、戻すことができます。

Section 062

削除した写真や動画を復元する

「フォト」アプリ

P.96の操作で削除した写真や動画は、60日以内で（バックアップされていない場合は30日）あれば復元できます。また、60日経過前に完全に削除することもできます。

1 「フォト」アプリで、[コレクション]をタップします。

2 [ゴミ箱] をタップします。

3 復元（または完全削除）したい写真や動画を、ロングタッチして選択します。

4 [復元] をタップします。なお、[削除] をタップすると、30日以内の保存期間より前に、本体から削除することができます。

Section **063**

「フォト」アプリ

写真をサーバーにバックアップする

本体内の写真や動画は、Googleのサーバーに保存（バックアップ）できます。サーバーに保存された写真は、別のパソコンのブラウザ（https://photos.google.com/）などから見ることができます。

1 「フォト」アプリで、右上のアカウントのアイコンをタップします。

2 ［バックアップをオンにする］をタップします。なお、ここに「バックアップが完了しました」と表示されている場合は、バックアップがオンになっています。

3 ［バックアップをオンにする］をタップします。

4 バックアップがオンになり、本体内の写真や動画がGoogleのサーバーにバックアップされます。

MEMO バックアップの容量と画質

Googleのサーバーは無料の場合、すべてのデータを合わせて15GB利用することができます。写真や動画のバックアップは標準では元の画質ですが、手順 **4** の画面で、［バックアップ］→ ⚙ →［バックアップの画質］→［保存容量の節約画質］をタップすることで、容量を減らせます。

Section **064**

「フォト」アプリ

本体のストレージの容量を増やす

P.98の設定で写真や動画をバックアップしていれば、本体内に実際のファイルがなくても「フォト」アプリで表示することができます。そのため、バックアップ済みの写真や動画は、本体から削除して本体の容量を節約することができます。

1 「フォト」アプリで、右上のアカウントのアイコンをタップします。

2 [このデバイスの空き容量を増やす]をタップします。

3 [空き容量を○増やす]をタップします。Googleのサーバーにバックアップ済みの写真や動画が、本体から削除されます。○の部分は、環境によって変わります。

4 [完了]をタップします。

Section **065**

OS・Hardware

パソコンのファイルを本体に保存する

AQUOS sense9とパソコンをUSBケーブルで接続すると、AQUOS sense9はパソコンの外部ストレージとして認識されます。パソコンからのファイル操作で、パソコン内の写真、動画、音楽ファイルなどをAQUOS senseo9にコピーすることができます。逆にAQUOS sense9内のファイルをパソコンにコピーすることもできます。

1 USBケーブルでパソコンとAQUOS sense9を接続すると、AQUOS sense9にこの画面が表示されます。[ファイル転送／Android Auto]をタップします。

2 ファイル転送がオンになります。パソコンに自動再生のウィンドウが表示されたら、クリックして動作を選択します。

3 Windowsパソコンではエクスプローラーを開き、「PC」の下にある[SHG14](型番が表示されるので携帯電話会社によって異なります)をクリックします。ここでは本体内にファイルをコピーするので、[内部共有ストレージ]をダブルクリックします。

4 AQUOS sense9内のフォルダが表示されます。パソコンでのエクスプローラーの操作と同じようにファイルやフォルダを特定のフォルダにドラッグ＆ドロップすると、AQUOS sense9に保存されます。

Section 066

YT Musicを利用する

「YT Music」アプリ

「YT Music」アプリを利用すると、8,000万曲以上の曲からいつでも好きな曲を聴くことができます。月額980円が必要ですが、最初の1か月は無料で利用でき、解約もできるので、気軽に試してみるとよいでしょう。なお、支払い方法は、クレジットカード、キャリア決済、Google Playギフトカードから選択できます。

1 「YT Music」アプリを起動します。最初に表示される案内で[無料トライアルを開始]をタップします。

2 支払い方法を選んで、指示にしたがって登録します。

3 [見てみる]をタップすると、YT Musicの画面に戻ります。

MEMO 定期購入を止める

手順2でクレジットカードなどを選択すると、定期購入が設定され、支払いが自動的に更新されます。定期購入を止めるには、「Playストア」アプリを起動し、右上のアカウントアイコン→[お支払いと定期購入]→[定期購入]→[YouTube Music]→[定期購入を解約]の順にタップし、理由を選択して[次へ]→[定期購入を解約]の順にタップします。

Section **067**

YT Musicで曲を探す

「YT Music」アプリ

「YT Music」アプリの検索欄で、アーティスト名や曲名、アルバム名などで検索すると、かんたんに曲を見つけることができます。検索した曲は、タップするだけですぐに再生することができます。

1 「YT Music」アプリで、画面上部の🔍をタップします。トップ画面で好きなカテゴリをタップして探すこともできます。

2 アーティスト名や曲名などを入力し、🔍をタップします。表示される候補をタップして検索することもできます。

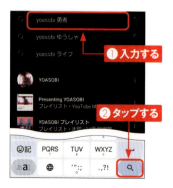

3 画面を上下にスワイプして曲やアルバムなどを探し、聴きたい曲をタップします。

4 曲が再生されます。再生を停止するには、⏸をタップします。

Section **068**

「YT Music」アプリ

曲をオフラインで聴く

「YT Music」アプリでは、気に入った曲をダウンロードして、オフラインで再生することができます。オフラインの曲は、インターネットに接続していないときでも再生することができます。なお、Googleアカウントからログアウトすると、曲は「YT Music」アプリから削除されることに注意してください。

1 P.102手順4の画面で、曲やアルバムの**⋮**をタップします。

2 [オフラインに一時保存]をタップすると、曲がダウンロードされて保存されます。

3 [ライブラリ]→[オフライン]をタップします。

4 [曲]をタップし、曲名をタップすると、再生されます。

Section 069

「radiko+FM」アプリ

ラジオ放送を聴く

AQUOS sense9では、インターネット経由で現在地（有料版は全国）で放送しているラジオ番組が聴ける「radiko+FM」アプリが利用できます。また、インターネットラジオからFMラジオに切り替えることができます。

1 あらかじめ「Playストア」から「radiko+FM」アプリをインストールしておきます。初回は位置情報や通知の許可画面が表示されるので、案内に従って設定します。現在地で聴取可能なラジオ局が表示されるので、聴きたい曲をタップします。

2 ラジオ放送を聴くことができます。画面の右端もしくは左端から中央へ2回スワイプします。

3 手順2の画面で1回スワイプで手順1の画面が、2回目のスワイプでこの画面が表示されます。アプリを終了する場合は［終了］、バックグラウンドで再生してほかのアプリを使いたい場合は［バックグラウンド］をタップします。

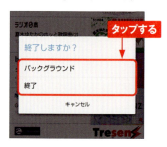

4 手順1や手順2の画面で、⊕をタップし、［番組表］をタップすると、ラジオ放送の番組一覧が確認できます。

Section 070

「YouTube」アプリ

YouTubeで動画を視聴する

「YouTube」アプリでは、世界中の人がYouTubeに投稿した動画を視聴したり、動画にコメントを付けたりすることができます。ここでは、キーワードで動画を検索して視聴する方法を紹介します。

1 「YouTube」アプリを起動して、🔍をタップします。

2 検索欄にキーワードを入力し、🔍をタップします。

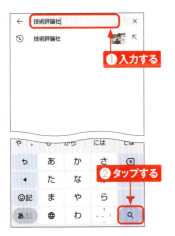

3 検索結果が一覧で表示されます。動画を選んでタップすると、再生されます。

TIPS 視聴中にほかの動画を探す

動画再生画面を下方向にスワイプすることで、動画を視聴しながらほかの動画を探すことができます。

105

Section **071**

「YouTube」アプリ

YouTubeで気になる動画を保存する

YouTubeで、「面白そうな動画があるけど、今は時間がない」「同じテーマの動画をまとめて見たい」というとき、「後で見る」機能を使えば、動画を登録して後で見ることができます。

1 「YouTube」アプリのホーム画面で、気になる動画の︙をタップします。

2 [[後で見る]に保存] をタップします。これで、「後で見る」リストに登録されます。

3 「後で見る」リストを確認するには、画面右下の [マイページ] をタップし、[後で見る] をタップします。

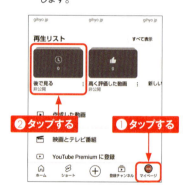

4 「後で見る」に登録した動画を確認することができます。複数の動画が登録されている場合、[並べ替え] をタップして並べ替えることで、好きな順番で再生することができます。

Googleのサービスや
アプリの便利技

Chapter

4

Section **072**

「Playストア」アプリ

アプリを検索する

Google Playに公開されているアプリをインストールすることで、さまざまな機能を利用することができます。Google Playは「Playストア」アプリから利用することができます。まずは、目的のアプリを探す方法を紹介します。

1 ホーム画面またはアプリ一覧画面で[Playストア]をタップします。

2 「Playストア」アプリが起動するので、[アプリ]をタップし、[カテゴリ]をタップします。

3 アプリのカテゴリが表示されます。画面を上下にスワイプします。

4 見たいジャンル(ここでは[ライフスタイル])をタップします。

5 「ライフスタイル」のアプリが表示されます。人気ランキングの→をタップします。

6 「無料」の人気ランキングが一覧で表示されます。詳細を確認したいアプリをタップします。

7 アプリの詳細な情報が表示されます。人気のアプリでは、ユーザーレビューも読めます。

MEMO キーワードで検索する

Google Playでは、キーワードからアプリを検索できます。検索機能を利用するには、P.108手順**2**の画面で画面上部の検索ボックスをタップしてキーワードを入力し、キーボードの🔍をタップします。

Section 073

アプリをインストール/アンインストールする

「Playストア」アプリ

Google Playで目的の無料アプリを見つけたら、インストールしてみましょう。なお、不要になったアプリは、Google Playからアンインストール（削除）できます。

アプリをインストールする

1 Google Playでアプリの詳細画面を表示し（P.109手順 6 ～ 7 参照）、[インストール] をタップします。

2 アプリのダウンロードとインストールが開始されます。

3 アプリのインストールが完了します。アプリを起動するには、[開く]（または [プレイ]）をタップするか、ホーム画面に追加されたアイコンをタップします。

MEMO 「アカウント設定の完了」が表示されたら

手順 1 で [インストール] をタップしたあとに、「アカウント設定の完了」画面が表示される場合があります。その場合は、[次へ] → [スキップ] の順にタップすると、アプリのインストールを続けることができます。

アプリを更新する／アンインストールする

●アプリを更新する

1. Google Playのトップページでアカウントアイコンをタップし、表示されるメニューの［アプリとデバイスの管理］をタップします。

2. 更新可能なアプリがある場合、「アップデート利用可能」と表示され、［すべて更新］をタップするとアプリが一括で更新されます。［詳細を表示］をタップすると更新可能なアプリの一覧が表示されます。

●アプリをアンインストールする

1. 左の手順2の画面で［管理］をタップすると、インストールされているアプリ一覧が表示されるので、アンインストールしたいアプリをタップします。

2. アプリの詳細が表示されます。［アンインストール］をタップし、［OK］をタップするとアンインストールされます。

MEMO アプリの自動更新の停止

初期設定ではWi-Fi接続時にアプリが自動更新されるようになっていますが、自動更新しないように設定することもできます。上記左側の手順1の画面で［設定］→［ネットワーク設定］→［アプリの自動更新］の順にタップし、［アプリを自動更新しない］をタップします。

Section 074

有料アプリを購入する

「Playストア」アプリ

有料アプリを購入する場合、キャリアの決済サービスやクレジットカードなどの支払い方法を選べます。ここではクレジットカードを登録する方法を紹介します。

1 有料アプリの詳細画面を表示し、アプリの価格が表示されたボタンをタップします。

2 支払い方法の選択画面が表示されます。ここでは[カードを追加]をタップします。

3 カード番号や有効期限などを入力します。

MEMO Google Play ギフトカードとは

コンビニなどで販売されている「Google Playギフトカード」を利用すると、プリペイド方式でアプリを購入できます。クレジットカードを登録したくないときに使うと便利です。利用するには、手順2で[コードの利用]をタップするか、事前にP.111左側の手順1の画面で[お支払いと定期購入]→[コードを利用]をタップし、カードに記載されているコードを入力して[コードを利用]をタップします。

4 名前などを入力し、[保存]をタップします。

5 [1クリックで購入]をタップします。

6 購入の際に認証についての確認を求められる場合があります。

MEMO 購入したアプリの払い戻し

有料アプリは、購入してから2時間以内であれば、Google Playから返品して全額払い戻しを受けることができます。P.111右側の手順 1 ～ 2 を参考に購入したアプリの詳細画面を表示し、[払い戻し]をタップして、次の画面で[払い戻しをリクエスト]をタップします。なお、払い戻しできるのは、1つのアプリにつき1回だけです。

113

Section 075

「設定」アプリ

アプリのインストールや起動時の許可

アプリは、その機能を実現するために、本体のさまざまな機能を利用します。たとえば、SNS系のアプリでは写真を投稿する際に、本体のカメラで写真を撮って投稿できますが、このときSNSアプリは本体のカメラを利用しています。このように、アプリが本体の機能を利用する場合、事前に権限の許可画面が表示されるようになっており、利用者が「許可」「許可しない」を選択できるようになっています。

また、アプリはさまざまな通知を送信します。これらの通知は、以前は標準で許可になっており、通知が不要と思った場合は、事後に通知をオフにする必要がありました。しかし、Android 13以降では、アプリのインストール時や、インストール済みのアプリの場合は初回起動時に利用者が通知の「許可」「許可しない」を選択できるようになりました。

これらの権限や通知の設定は、いつでもアプリごとに変更することができます（P.115〜117参照）。

通知の許可画面

権限（ここでは「連絡先」の利用）の許可画面

Section 076

アプリの権限を確認する

「設定」アプリ

アプリの中には、本体の機能（位置情報、カメラ、マイクなど）にアクセスして動作するものがあります。たとえば「Gmail」アプリは、カレンダーや連絡先と連携して動作します。こうしたアプリの利用権限（サービスへのアクセス許可）は、アプリの初回起動時に確認されますが、後から見直して設定を変更することができます。

1 アプリ一覧画面で［設定］をタップし、［アプリ］→［○個のアプリをすべて表示］の順にタップします。

2 権限を確認したいアプリ（ここではGmail）をタップします。

3 ［権限］をタップします。

4 アプリ（Gmail）がアクセスしているサービスを確認することができます。サービス名をタップして、アプリ（Gmail）への［許可］と［許可しない］を変更することができます。

Section **077**

サービスから権限を確認する

「設定」アプリ

「設定」アプリの権限マネージャを利用すると、サービス側からどのアプリに権限を与えているか（アクセスを許可しているか）を確認することができます。悪意のあるアプリに権限を与えていると、位置情報、カメラ、マイクなどのサービスから、プライバシーに関わる情報が漏れる可能性があります。

1 アプリ一覧画面で［設定］をタップし、［セキュリティとプライバシー］→［プライバシー］→［権限マネージャ］の順にタップします。

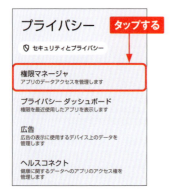

2 サービス（ここでは位置情報）をタップします。

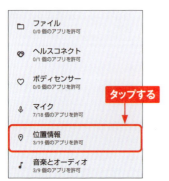

3 サービスにアクセスするアプリが「常に許可」「使用中のみ許可」「許可しない」に分かれて表示されます。

4 アプリ名をタップして［アプリの使用中のみ許可］［毎回確認する］［許可しない］を変更することができます。

Section **078**

「設定」アプリ

プライバシーダッシュボードを利用する

「設定」アプリのプライバシーダッシュボードを利用すると、過去24時間にプライバシーに関わるサービスにアクセスしたアプリを調べることができます。またアプリが、カメラとマイクにアクセスしているときには、画面右上にドットインジケーターが表示されます。

1 アプリ一覧画面で［設定］をタップし、［セキュリティとプライバシー］→［プライバシー］→［プライバシーダッシュボード］の順にタップします。

2 プライバシーダッシュボードで、24時間内にカメラ、マイク、位置情報にアクセスしたアプリを確認することができます。［そのほかの権限を表示］をタップすると、24時間内にそのほかのサービスをアクセスしたアプリを確認することができます。

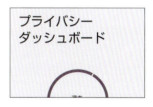

タップする

MEMO カメラやマイクへのアクセス

アプリがカメラやマイクにアクセスすると、画面の右上にドットインジケーターが表示されます。画面を下方向にスワイプすると、アイコン表示に変わり、タップするとカメラやマイクにアクセスしているアプリを確認することができます。

いずれかのアプリから、カメラやマイクが不正にアクセスされていると判断したときには、クイック設定の［カメラへのアクセス使用可能］［マイクへのアクセス使用可能］をタップすることで、即座にブロックできます。

Section 079

Googleアシスタントで調べ物をする

Googleアシスタント

Googleアシスタントは、GoogleのAIアシスタントです。音声入力やキーボード入力で指示を出すと、検索をしたり本体を操作したりすることができます。

1 ホーム画面のGoogle検索バーで🎤をタップします。

2 調べたいキーワードを話しかけます。

3 キーワードに関連する情報が検索されます。

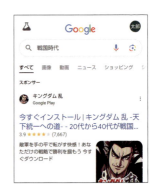

TIPS 音声で起動する

「Voice Match」に自分の声を登録すると、「OK Google」と話しかけるだけでGoogleアシスタントを起動できます。アプリ一覧画面で [Google] をタップし、右上のユーザーアイコン→[設定] → [Googleアシスタント] → [OK GoogleとVoice Match] の順にタップし、[Hey Google] をタップしてオンにします。このあと画面の指示に従って音声を登録します。

Section **080**

Googleアシスタント

Googleアシスタントでアプリを操作する

Googleアシスタントにアプリ名を発声すると、アプリを起動したり、そのアプリで行う操作の候補が表示されます。また、「ルーティン」を設定すると、ひと言で複数の操作を行うことができます。たとえば、「おはよう」と話しかけて、天気の情報、今日の予定を確認、ニュースを聞くといったことが一度にできます。

1 ルーティンを設定するには、アプリ一覧画面で［Google］→［Google］をタップし、右上のユーザーアイコン→［設定］→［Googleアシスタント］の順にタップします。

2 ［ルーティン］をタップします。

3 初めての場合は［始める］をタップし、設定したい掛け声（ここでは［おはよう］）をタップします。

4 追加したい操作を選択して［保存］をタップすると設定が完了します。なお、手順3の画面で［新規］をタップすると、新規にルーティンを作成できます。

Section 081

新しいAIアシスタント（Gemini）を利用する

Application

Googleアシスタントのかわりに新しいAIアシスタント「Gemini」を利用できます。
Geminiでは長い文章の要約やメールの返信の文章作成などの機能が利用できます。

新しいAIアシスタント（Gemini）に切り替える

1 ホーム画面で［Google］フォルダ→［Google］の順にタップします。

2 右上のアカウントアイコンをタッチするして［設定］をタップします。

3 ［Gemini］をタップします。

4 確認の画面が表示されたら、［切り替える］→［Geminiを使用］をタッチします。

MEMO Googleアシスタントに戻す

Googleアシスタントに戻したい場合は、手順3の画面で［Gemini］→［Googleのデジタルアシスタント］の順にタッチし、［Googleアシスタント］をタッチします。

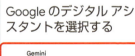

Geminiを利用する

1 電源ボタンを長押しします。

長押しする

2 Geminiが起動します。入力欄をタッチして質問などを入力し、➤をタッチします。🎤をタッチすると音声入力、📷をタッチすると写真を使って質問ができます。

入力する

3 回答が表示されます。

MEMO 他のアプリの使用中にGeminiを使う

他のアプリを使用しているときに●をロングタッチしてGeminiを起動すると、表示中の内容についての質問ができます。たとえば、ChromeでWebページを表示しているときにGeminiを起動して、[この画面について質問する]をタッチし、「内容を要約して」と質問すると表示中のWebページの要約を作成できます。

タッチする

Section 082

「Gmail」アプリ

Gmailを利用する

AQUOS sense9にGoogleアカウントを登録すると（P.50参照）、「Gmail」アプリで、GoogleのメールサービスGmailが利用できるようになります。

受信したメールを閲覧する

1 アプリ一覧画面で、[Google] → [Gmail] をタップします。

2 「Gmail」アプリのメイン画面が表示され、受信したメールの一覧が表示されます。「Gmailの新機能」画面が表示された場合は、[OK] → [GMAILに移動] の順にタップします。読みたいメールをタップします。

3 メールの内容が表示されます。←をタップすると、メイン画面に戻ります。この画面で↰をタップすると、メールに返信することができます。

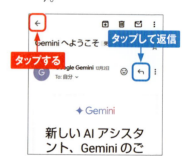

MEMO　Googleアカウントの同期

Gmailを使用する前に、Sec.031の方法であらかじめAQUOS sense9に自分のGoogleアカウントを設定しましょう。P.53手順15の画面で「Gmail」をオンにしておくと（標準でオン）、Gmailも自動的に同期されます。すでにGmailを使用している場合は、受信トレイの内容がそのまま表示されます。

メールを送信する

1 P.122を参考に「メイン」などの画面を表示して、[作成]をタップします。

2 メールの「作成」画面が表示されます。[To]をタップして、メールアドレスを入力します。「連絡帳」アプリに登録された連絡先であれば、候補が表示されるので、タップすると入力できます。

3 件名とメールの内容を入力し、▷をタップすると、メールが送信されます。

MEMO メニューの表示

「Gmail」アプリの画面で、左上の≡をタップすると、メニューが表示されます。メニューでは、「メイン」以外のカテゴリやラベルを表示したり、送信済みメールを表示したりできます。なお、ラベルの作成や振分け設定は、パソコンのWebブラウザで「https://mail.google.com/」にアクセスして行います。

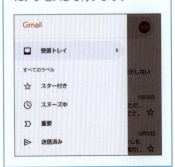

Section **083**

「Gmail」アプリ

Gmailにアカウントを追加する

「Gmail」アプリでは、登録したGoogleアカウントをそのままメールアカウントとして使用しますが、GoogleアカウントのほかOutlookメールやYahoo!メールなどのアカウントも、Gmailで利用できます。

1 「Gmail」アプリを開き、プロフィール（アカウントアイコン）写真またはイニシャルをタップし、[別のアカウントを追加]をタップします。

2 あらかじめプロバイダメールなどのPCメールのアカウント情報を準備しておき、[その他]をタップします。

3 PCメールのメールアドレスを入力し、[次へ]をタップします。

4 アカウントの種類を選択します。ここでは[個人用（POP3）]をタップします。

5 パスワードを入力して、［次へ］をタップします。

6 ユーザー名や受信サーバーを入力して、［次へ］をタップします。

7 ユーザー名や送信サーバーを入力して、［次へ］をタップします。

8 ［アカウントのオプション］画面が表示されるので、［次へ］をタップし、アカウントの設定が完了します。［名前］欄に名前を入力し、［次へ］をタップします。

MEMO アカウントを切り替える

アカウントを切り替えてメールを読むには、P.124手順 1 の画面で、切り替えたいアカウントをタップします。

Section 084

「Gmail」アプリ

メールに署名を自動的に挿入する

Gmailでは、メールの作成時に自動的に署名を挿入するように設定することができます。仕事で使用する場合などに、名前やメールアドレス、電話番号などを署名として設定しておくとよいでしょう。

1 「メイン」画面で≡をタップしてメニューを開きます。

2 [設定] をタップします。

3 署名を設定するGmailアカウントをタップします。

4 [モバイル署名] をタップします。

5 署名を入力し、[OK] をタップします。

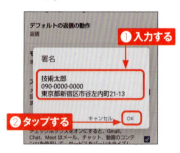

MEMO 署名を削除する

手順**4**の画面で [モバイル署名] をタップし、署名を削除して [OK] をタップすると、署名が削除されます。

Section 085

メールにワンタップで返信する

「Gmail」アプリ

「Gmail」アプリには、受信したメールの内容に応じて自動的に返信する文面の候補を表示する、スマートリプライ機能があります。候補をタップするだけで返信する文面が作成できるため、すばやい返信が可能です。なお、受信したメールの内容によっては候補が表示されません。

1 P.126手順3の画面で設定するGmailアカウントをタップします。

2 [スマート機能とパーソナライズ]と[スマートリプライ]のチェックボックスをオンにします。

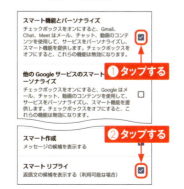

3 受信したメールの文面によって、返信の候補が画面下部に表示されます。任意の候補をタップします。

4 必要に応じて文面を編集し、▷をタップして返信します。

Section 086

メールを再通知する

「Gmail」アプリ

「Gmail」アプリには、メールを指定した日時に再通知するスヌーズ機能があります。会議や待ち合わせなどの少し前に再通知するように設定しておくと、大切な予定を忘れずに済みます。再通知の日時を具体的に指定できるほか、「明日」や「今週末」、「来週」などの候補から設定することができます。

1 スヌーズしたいメールを開き、⋮をタップします。

2 [スヌーズ]をタップします。

3 [日付と時間を選択]をタップして、日付と時間を設定すると、その日時に再通知されます。なお、[今日中(後で)][明日][今週末][来週]のいずれかをタップして設定することもできます。

MEMO スヌーズを解除する

「メイン」画面で≡→[スヌーズ中]→任意のメール→⋮→[スヌーズ解除]の順にタップするとスヌーズを解除できます。

Section **087**

「Gmail」アプリ

不在時に自動送信するメールを設定する

「Gmail」アプリは、不在時に不在通知を自動送信するように設定することができます。海外旅行や長期休暇などで返信ができない場合に設定しておくと便利です。連絡先に登録されている相手にのみ自動送信することもできます。

1. P.126手順4の画面で［不在通知］をタップします。

2. ［不在通知］をタップして、オンにします。

3. 「開始日」と「終了日」の日付をタップして設定し、件名とメッセージを入力して、［完了］をタップします。なお、「連絡先にのみ送信」にチェックを付けると、連絡先に登録されている相手にのみ自動送信されます。

MEMO 不在通知をオフにする

手順2の画面で［不在通知］を再度タップすると、不在通知をオフにできます。なお、メッセージなど設定した内容は維持されます。

Section 088

「カレンダー」アプリ

Googleカレンダーに予定を登録する

Googleカレンダーに予定を登録して、スケジュールを管理しましょう。Googleカレンダーでは、予定に通知を設定したり、複数のカレンダーを管理したり、カレンダーをほかのユーザーと共有したりすることができます。

1 「カレンダー」アプリを開きます。+ →［予定］の順にタップします。

2 予定の詳細を設定し、［保存］をタップします。

3 予定がカレンダーに登録されます。

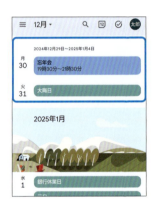

MEMO 表示形式を変更する

手順1の画面で≡をタップすると、カレンダーの表示形式を変更できます。

Section 089

「カレンダー」アプリ

Gmailから予定を自動で取り込む

Googleカレンダーでは、Gmailのメールに記載された予定を読み取り、自動で予定を作成することができます。自動で予定を作成するには、あらかじめ機能をオンに設定しておく必要があります。

1 「カレンダー」アプリを開き、≡をタップします。

2 [設定] をタップします。

3 [Gmailから予定を作成] をタップします。

4 [Gmailからの予定を表示する] をタップして、オンにします。

131

Section **090**

「マップ」アプリ

マップを利用する

Googleマップを利用すれば、自分の今いる場所を表示したり、周辺のスポットを検索したりすることができます。なお、Googleマップが利用できる「マップ」アプリは、頻繁に更新が行われるので、バージョンによっては本書と表示内容が異なる場合があります。

周辺の地図を表示する

1 アプリ一覧画面で、[マップ]をタップすると、初回はこの画面が表示されます。◇をタップします。

2 「マップ」アプリが、位置情報を使用するための許可画面が表示されます。精度と使用環境を選択します。[正確]と[アプリの使用時のみ]がお勧めの設定です。

3 現在地周辺の地図が表示されます。画面をピンチ(ここではピンチアウト)します。

4 地図が拡大されます。ピンチで拡大縮小、ドラッグで表示位置の移動ができます。

132

周辺のスポットを表示する

1. 周辺のスポットを検索するには、「マップ」アプリ上部の[ここで検索]をタップします。

2. 「ここで検索」欄に、検索したい施設の種類を入力します。

3. 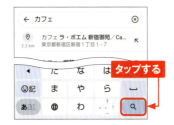 をタップします。

4. 周辺の施設が表示されます。より詳しく見たい施設をタップします。

5. より詳しい情報が表示されます。

Section 091

マップで経路を調べる

「マップ」アプリ

「マップ」アプリでは、目的地までの経路を調べることができます。交通機関は徒歩、車、公共交通機関などから選択できます。複数の経路がある場合、詳細を確認して一番便利な経路を選択することができます。

1 P.133手順2の画面を表示して、目的地の名前や住所を入力します。

2 🔍をタップします。候補が表示されていれば、候補をタップすることもできます。

3 場所の情報が表示されます。[経路] をタップします。

4 交通手段を選択します。ここでは、公共交通機関をタップします。

5 経路が表示されます。複数表示された場合は、確認したい経路をタップします。

6 経路の詳細が表示されます。[ナビ開始]をタップします。

7 公共交通機関の場合は、上部に案内が表示されます。

8 徒歩や車などの交通手段を選択している場合は、[ナビ開始]をタップすると、3Dマップが表示されます。

Section 092

「マップ」アプリ

訪れた場所や移動した経路を確認する

「マップ」アプリでは、ロケーション履歴をオンにすることにより、訪れた場所や移動した経路が記録されます。日付を指定して詳細な移動履歴が確認できるため、旅行や出張などの記録に重宝します。なお、同じGoogleアカウントを利用すると、パソコンからも同様に移動履歴を確認することができます。

ロケーション履歴をオンにする

1 アプリ一覧画面で［設定］をタップし、［位置情報］をタップします。

2 「位置情報の使用」がオフの場合はタップして、オンにします。［位置情報サービス］をタップします。

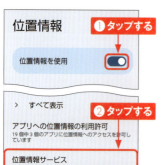

3 ［Googleロケーション履歴］をタップします。

4 「ロケーション履歴」がオフの場合はタップして、［オンにする］→［オンにする］→［OK］をタップします。ロケーション履歴がオンになり、訪れた場所や移動経路が記録されます。

移動履歴を表示する

1 「マップ」アプリでプロフィール写真またはイニシャル（アカウントのアイコン）をタップします。

2 ［タイムライン］をタップします。初回は［表示］をタップします。

3 ［今日］をタップします。

4 履歴を確認したい日付をタップします。

5 訪れた場所と移動した経路が表示されます。

MEMO 履歴を削除する

訪れた場所の履歴を削除するには、手順 5 の画面で場所をタップして［削除］をタップします。その日の履歴をすべて削除するには、︙→［1日分をすべて削除］→［削除］の順にタップします。

137

Section **093**

「ウォレット」アプリ

ウォレットにクレカを登録する

「ウォレット」アプリはGoogleが提供する決済サービスで、Suica、nanaco、PASMO、楽天Edy、WAONが利用できます。QUICPayやiD、コンタクトレス対応のクレジットカードやプリペイドカードを登録すると、キャッシュレスで支払いができます。

1 P.108〜P.110を参考に「ウォレット」アプリをインストールします。「ウォレット」アプリを起動して、［ウォレットに追加］をタップします。

2 クレジットカードを登録する場合は、［クレジットカードやデビットカード］をタップして、次の画面で［新しいクレジットカードかデビットカード］をタップします。

3 クレジットカードにカメラを向けて枠に映すと、カード番号が自動で読み取られます。

4 正しく読み取りができた場合は、カード番号と有効年月が自動入力されるので、クレジットカードのセキュリティコードを入力します。

Section 094

ウォレットで支払う

「ウォレット」アプリ

「ウォレット」アプリに対応クレジットカードを登録したら、お店でキャッシュレス払いに使ってみましょう。読み取り機に本体をかざすだけで支払いが完了するため便利です。なお、QUICPayやiD、コンタクトレスクレカの決済に対応していないクレジットカードの場合でも、ネットサービスの決済であれば利用できます。

1 キャッシュレス対応の実店舗で、会計をするときに、QUICPayやiD、コンタクトレスクレカで支払うことを店員に伝えます。

2 レジの読み取り機に本体をかざすと支払いが完了します。なお、画面がオフの状態でも有効です。

3 支払い履歴を確認するには、「ウォレット」アプリで確認したいサービスを選択します。

4 ⋮をタップし、[ご利用履歴] をタップすると、一覧で表示されます。

Section 095

ウォレットに楽天Edyを登録する

「ウォレット」アプリ

「ウォレット」アプリに電子マネーを登録すると、クレジットカードの場合と同様に、お店でのキャッシュレス払いに使えます。楽天Edyを登録する方法を紹介しますが、Suica、nanaco、PASMO、WAONも同様の手順で登録できます。なお、電子マネーのチャージは、Googleアカウントに登録済みのクレジットカードやプリペイドカードから行います。

1 P.138手順1の画面で［ウォレットに追加］をタップし、［電子マネー］をタップします。

2 ［楽天Edy］をタップします。

3 ［カードを作成］をタップします。

4 プライバシーポリシーを承認すると、楽天Edyがウォレットに追加されます。

Section 096

「ドライブ」アプリ

本体のファイルをGoogleドライブに保存する

Googleドライブは、1つのGoogleアカウントで、無料で15GBまで使えるオンラインストレージサービスです。同じGoogleアカウントでログインすると、スマートフォンだけでなく、パソコンやタブレットからもドライブ内のファイルにアクセスすることができます。

1 「ドライブ」アプリを起動して、[新規] をタップします。

2 ファイルをアップロードするには、[アップロード] をタップします。なお、[フォルダ] をタップするとフォルダを作成できます。

3 任意のフォルダを開き、アップロードしたいファイルをタップします。

4 [ファイル] をタップすると、アップロードしたファイルを確認できます。

141

Section **097**

「Files」アプリでファイルを開く

「Files」アプリ

「Files」アプリは、本体内のさまざまなファイルにアクセスすることができます。写真や動画、ダウンロードしたファイルなどのほか、Googleドライブに保存されているファイルを開くこともできます。

1 「Files」アプリを起動します。「カテゴリ」から、[ダウンロード]をタップします。

2 開きたいファイルをタップします。

3 ファイルが開きます。

TIPS 「安全なフォルダ」を利用する

「Files」アプリから利用できる「安全なフォルダ」は、画面ロック解除の操作を行わないと保存したファイルを見ることができないフォルダです。「フォト」アプリの「ロックされたフォルダ」と同様の機能です。「Files」アプリで、「コレクション」→[安全なフォルダ]の順にタップして設定します。

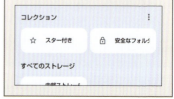

Section 098

「Files」アプリ

「Files」アプリからGoogleドライブに保存する

「Files」アプリでアクセスできる写真や動画は、直接Googleドライブに保存することができます。「Dropbox」アプリや「OneDrive」アプリなどをインストールしていれば、それらにも直接保存が可能です。また、Gmailに写真や動画を添付したり、特定の相手と写真や動画を共有したりすることもできます。

1 P.142手順3の画面で、<をタップします。

2 [ドライブ]をタップします。

3 ファイル名を入力し、保存先のフォルダを選択して、[保存]をタップします。

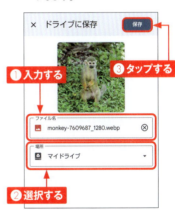

4 「ドライブ」アプリで、Googleドライブに保存したファイルを確認することができます。

Section 099

「Files」アプリ

Quick Shareでファイル共有する

端末内のファイルや写真、WebページのURLなどを近くの別の端末に送信できる「Quick Share」が利用できます。Chromeやフォトなどのアプリで開いているWebページのリンクや写真を気軽にやり取りすることができます。なお、Quick Shareを利用するには、Bluetoothをあらかじめオンにしておく必要があります。ここでは、「Files」アプリで開いているファイルを共有する方法を説明します。

Quick Shareの設定を確認する

1 「設定」アプリを起動し、[接続設定]→[接続の詳細設定]の順にタップします。

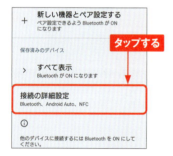

2 [Quick Share]をタップします。

3 Quick Shareの設定が確認できます。特に「共有を許可するユーザー」欄が適切な設定になっているか、確認しておきましょう。

MEMO Quick Share

Quick Shareは、すばやく安全にファイルを共有できる機能です。メールに添付するより楽に写真や動画、ドキュメントなどを送信できます。パソコンに「Quick Share」アプリをインストールすることで、パソコンにも送信することができるようになります。

Quick Shareを利用する

1 「Files」アプリで共有したいファイルなどを表示し、︙→［ファイルを送信］をタップします。

2 ［Quick Share］をタップします。

3 「近くのデバイスと共有」欄に、近くにあるスリープ状態ではない共有を許可するユーザーのデバイスが表示されるので、タップします。

4 「送信しました」と表示されれば、送信成功です。

5 受信側にはこのような画面が表示されるので、［承認］をタップします。ここでは写真を送信しているので、この後の画面で［開く］をタップすると、送信された写真が表示されます。

145

Section 100

不要なデータを削除する

「Files」アプリ

「Files」アプリを使うと、ジャンクファイルやストレージにある不要データを、かんたんに見つけて削除することができます。不要データの候補には、「アプリの一時ファイル」、「重複ファイル」、「サイズの大きいファイル」、「過去のスクリーンショット」、「使用していないアプリ」などが表示されます。

1 「Files」アプリを開いて、検索バーの ≡ → [削除] をタップします。

2 ダッシュボードに表示された、削除するデータの候補の [ファイルを選択] をタップします。

3 削除するデータを選択する画面で、ファイルやアプリを選択して [○件のファイルをゴミ箱に移動] をタップします。

4 [○件のファイルをゴミ箱に移動] をタップすると、データが削除されます。

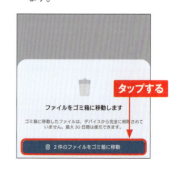

Section 101

Googleドライブにバックアップを取る

「設定」アプリ

本体ストレージ内のデータを自動的にGoogleドライブにバックアップするように設定することができます。バックアップできるデータは、アプリとアプリのデータ、通話履歴、連絡先、デバイスの設定、写真と動画、SMSのデータです。

1 アプリ一覧画面で［設定］をタップし、［システム］をタップします。

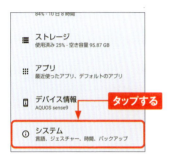

2 ［バックアップ］をタップします。

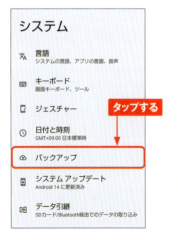

3 ［Google Oneバックアップ］がオフの場合はタップしてオンにします。

MEMO 画像フォルダのバックアップ

撮影した写真や動画は、自動的にGoogleドライブにバックアップされます。ダウンロードした画像やスクリーンショットをバックアップする場合は、「フォト」アプリで、［ライブラリ］→（「デバイス内の写真」欄のフォルダ名）の順にタップし、［バックアップ］をオンにします。

Section **102**

「ドライブ」アプリ

Googleドライブの利用状況を確認する

Googleドライブの容量と利用状況は、「ドライブ」アプリから確認することができます。Googleドライブの容量が足りなくなった場合や、もっとたくさん利用したい場合は、手順 **2** の画面か「Google One」アプリから、有料の「Google One」サービスにアップグレードして容量を増やすことができます。

1 「ドライブ」アプリを開いて、≡→[ストレージ]の順にタップします。

2 現在のGoogleドライブの容量と利用状況が表示されます。

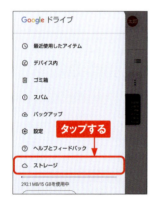

TIPS 「Google One」アプリ

Googleドライブの容量と利用状況は、「Google One」アプリからも確認することができます。「Google One」アプリを開いて、[使ってみる]→[スキップ]→[ストレージ]の順にタップします。また有料の「Google One」サービスにアップグレード後は、「Google One」アプリでサポートや特典を受けることができます。

さらに使いこなす活用技

Chapter 5

Section **103**

「設定」アプリを使う

「設定」アプリ

「設定」アプリは、ユーザーの利用状況に応じて、表示される項目やカードが変わります。また、キーワードで検索した設定項目がハイライト表示になったり、未設定の項目をポップアップで表示してユーザーに確認を促します。
「設定」アプリのいくつかの画面では、ダッシュボードデザインが採用されていて、ユーザーの利用状況や設定状態が一目でわかるようになっています。たとえば、アプリの利用時間がグラフで表示されたり、設定のオン／オフがアイコンで表示されたりします。

●「セキュリティとプライバシー」

設定しているセキュリティ項目により上部のアイコンの色とデザインが変わり、本体の安全対策がなされているかが一目でわかります。未設定の項目は、ポップアップで確認を促します。また、項目をタップして開かなくても、アイコンの表示で設定状態がわかります。

「設定」アプリ→［セキュリティとプライバシー］

●「Googleアカウント」

「データとプライバシー」タブでは、設定状態を確認するための"提案"が表示されたり、"診断"を行ったりすることができます。また、ユーザーの利用状況により、表示されるカードが変わります。オンにしているカードにはチェックが付いて、タップして開かなくても設定状態がわかります。

「設定」アプリ→［Google］→［Googleアカウントの管理］

設定項目を検索する

「設定」アプリはカテゴリが多く、設定項目によっては階層が深いものがあります。すばやく設定項目にたどり着くために、キーワードで設定項目を検索するとよいでしょう。

1 アプリ一覧画面で[設定]をタップし、[設定を検索]をタップします。

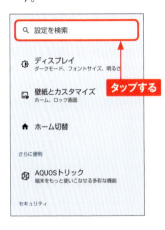

2 設定項目に関するキーワードを入力し、候補をタップします。

3 選択した設定項目の内容が表示されます。

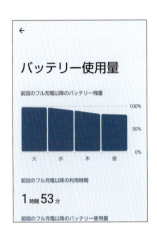

TIPS シャープのサポート情報を確認する

「設定」アプリの画面下部にある[お困りのときは]をタップすると、AQUOS sense9の製造元のシャープが提供するAQUOS sense9に関するよくある質問や、使いこなしガイドを確認することができます。

お困りのときは

よくあるご質問
サポートサイトの「よくあるご質問」へ

設定項目を検索
どこにあるかわからない設定項目を探す

151

Section 104

おサイフケータイを設定する

「おサイフケータイ」アプリ

AQUOS sense9はおサイフケータイ機能を搭載しています。電子マネーの楽天Edy、nanaco、WAON、QUICPayや、モバイルSuica、各種ポイントサービス、クーポンサービスに対応しています。

1 アプリ一覧画面で、[ツール] → [おサイフケータイ] をタップします。

2 初回起動時はアプリの案内が表示されるので、[次へ] をタップします。続けて、利用規約が表示されるので、「同意する」にチェックを付け、[次へ] をタップします。「初期設定完了」と表示されるので [次へ] をタップします。

3 Googleアカウントの連携についての画面が表示されたら、ここでは [次へ] → [ログインはあとで] をタップします。

4 通知やICカードの残高読み取り機能、キャンペーンの配信などについての画面が表示されたら、画面の指示に従い操作します。

5 [おすすめ]をタップすると、サービスの一覧が表示されます。ここでは、[nanaco]をタップします。

6 「おサイフケータイ」アプリは、サービス全体を管理するアプリで、個別のサービスの利用には、専用のアプリが必要になります。[アプリケーションをダウンロード]をタップします。

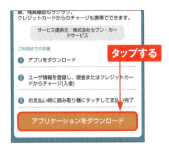

7 「nanaco」アプリの画面が表示されます。[インストール]をタップします。

8 インストールが完了したら、[開く]をタップします。

9 「nanaco」アプリの初期設定画面が表示されます。画面の指示に従って初期設定を行います。

Section 105

「設定」アプリ

Bluetooth機器を利用する

Bluetooth対応のキーボード、イヤフォンなどとのペアリングは以下の手順で行います。Bluetoothは、ほかの機器との通信のほかに、Quick Shareなどで付近のスマートフォンとのデータ通信にも使用されます。

1 接続するBluetooth機器の電源をオンにし、「設定」アプリで、[接続設定] → [新しいデバイスとペア設定] の順にタップします。

2 接続するBluetooth機器名をタップします。

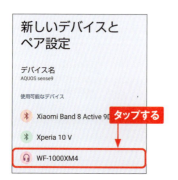

3 [ペア設定する] をタップします。ペアリングコードを求められた場合は、入力します。

4 Bluetooth機器が接続されます。なお、接続を解除するには、機器の名前をタップし、[接続を解除] をタップします。

MEMO NFC対応機器を接続する

NFC対応のBluetooth機器を接続する場合は、手順1の画面で [接続の設定] をタップし、「NFC」がオンになっていることを確認して、背面を機器のNFCマークに近付け、画面の指示に従って接続します。

Section 106

Wi-Fiテザリングを利用する

「設定」アプリ

Wi-Fiテザリングを利用すると、AQUOS sense9をWi-Fiアクセスポイントとして、タブレットやパソコンなどをインターネットに接続できます。なお、Wi-Fiテザリングは携帯電話会社や契約によって、申し込みが必要であったり、有料であったりするので、事前に確認しておきましょう。

1 アプリ一覧画面で[設定]をタップし、[ネットワークとインターネット]→[テザリング]→[Wi-Fiテザリング]をタップします。

2 [Wi-Fiテザリング]をタップします。なお、「ネットワーク名」「セキュリティ」「Wi-Fiテザリングのパスワード」の各項目は、タップして変更することができます。

3 確認画面が表示されたら、[OK]をタップします。Wi-Fiテザリングが利用できるようになります。「ネットワーク名」の右のQRコードアイコンをタップします。

4 アクセスポイント名やパスワード情報が記載されたQRコードが表示されます。これを他機器で読み取ることで、接続の際の入力の手間を省くことができます。

155

Section 107

データ通信量が多いアプリを探す

「設定」アプリ

契約している携帯電話会社のデータプランで定められている月々のデータ通信量を上回ると通信速度に制限がかかることもあります。アプリごとのデータ通信量を調べることができるので、通信量が多いアプリを見つけて、対処をするとよいでしょう。

1 アプリ一覧画面で「設定」をタップし、[ネットワークとインターネット] → [Wi-Fiとモバイルネットワーク] をタップします。

2 利用しているネットワーク名の ⚙ をタップします。

3 [アプリのデータ使用量] をタップします。

4 データ通信量の多い順にアプリが一覧表示され、それぞれのデータ通信量を確認できます。

Section **108**

「設定」アプリ

アプリごとに通信を制限する

アプリの中には、使用していない状態でも、バックグラウンドでデータの送受信を行うものがあります。バックグラウンドのデータ通信はアプリごとにオフにすることができるので、データ通信量が気になるアプリはオフに設定しておきましょう。ただし、バックグラウンドのデータ通信がオフになると、アプリからの通知が届かなくなるなどのデメリットもあることに注意してください。

1 P.156手順4の画面で、バックグラウンドのデータ通信をオフにしたいアプリをタップします。

2 [バックグラウンドデータ]をタップします。

3 バックグラウンドのデータ通信がオフになります。

MEMO データセーバーを使用する

データセーバーを使用すると、複数のアプリのバックグラウンドのデータ通信を一括してオフにできます。データセーバーをオンにするには、P.156手順1の画面で[データセーバー]→[データセーバーを使用]の順にタップします。

Section 109

通知を設定する

「設定」アプリ

アプリやシステムからの通知は、「設定」アプリで、通知のオン／オフを設定することができます。アプリによっては、通知が機能ごとに用意されています。たとえばSNSアプリには、「コメント」「いいね」「おすすめ」「最新」「リマインダーなどを受信したとき」それぞれの通知があります。これらを個別にオン／オフにすることもできます。

通知をオフにする

1 ステータスバーを下方向にスライドしてお知らせパネルを表示し、通知をロングタッチします。

2 ⚙をタップします。

3 「設定」アプリの「通知」が開き、手順**1**で選んだ通知がハイライト表示されます。

4 右側のトグルをタップすると、その通知がオフになります。

アプリごとに通知を設定する

1 ステータスバーを下方向にスライドしてお知らせパネルを表示し、[管理]をタップします。

2 「設定」アプリの「通知」が開きます。[アプリの設定]をタップします。

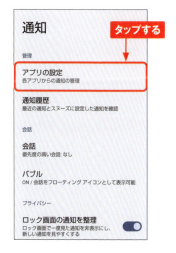

3 アプリ名の右側のトグルをタップすると、そのアプリのすべての通知がオフ/オンにになります。[新しい順]をタップすると、通知件数の多いアプリや、通知がオフになっているアプリを表示することができます。

4 手順3の画面でアプリ名をタップします。アプリによって、機能ごとの通知を個別にオン/オフにすることができます。

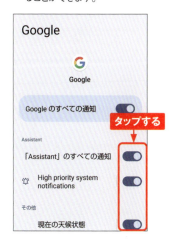

159

Section 110

「設定」アプリ

通知をサイレントにする

アプリやシステムからの通知は、標準では音とバイブレーションでアラートされます。通知が多くてアラートが鬱陶しいときは、アラートをオフにしてサイレントにすることができます。届いた通知から個別に設定できるので、重要度の低い通知をサイレントにするとよいでしょう。

1 ステータスバーを下方向にスライドして、お知らせパネルを表示します。サイレントにする通知をロングタッチします。

2 [サイレント] をタップします。

3 [完了] をタップします。

4 改めてお知らせパネルを表示すると、設定した通知が「サイレント」の項目に入り、音とバイブレーションがオフになっています。

Section 111

通知のサイレントモードを使う

「設定」アプリ

すべての通知をアラートしなくなるのがサイレントモードです。サイレントモードをオンにすると、手動でオフにするか、設定時間が経過するまで継続します。また"通知の割り込み"で、サイレントモード中であっても通知される人物や、アプリを指定することができます。

1 アプリ一覧画面で［設定］をタップし、［通知］→［サイレントモード］の順にタップします。

2 ［今すぐONにする］をタップすると、サイレントモードがオンになります。［人物］をタップします。

3 サイレントモード中でも割り込んでアラートされる通知を設定することができます。手順2の画面で［アプリ］をタップしても、同様の設定ができます。

MEMO サイレントモードの時間を設定する

手順2の画面で、［クイック設定の持続時間］をタップすると、サイレントモードの継続時間を設定することができます。

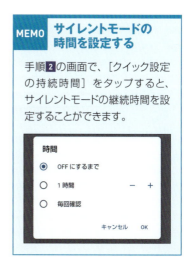

Section **112**

「設定」アプリ

通知の履歴を見る

通知は再表示されないので、うっかりスワイプして削除した通知は、後から確認することができません。通知の履歴機能をオンにしておくと、過去24時間に削除した通知を見返すことができます。

1 ステータスバーを下方向にスライドしてお知らせパネルを表示します。[履歴]になっている場合は手順 4 に進んでください。[管理]の場合はタップします。

2 「設定」アプリの「通知」が開くので、[通知履歴]をタップします。

3 [通知履歴を使用]をタップしてオンにします。

4 お知らせパネルに新たに表示された[履歴]をタップします。

5 「最近非表示にした通知」と「過去24時間」に分けて、通知の履歴が表示されるようになります。

Section 113

通知のスヌーズを利用する

「設定」アプリ

届いた通知を開いたり削除したりせずに、後に再表示させるのが通知のスヌーズ機能です。今は忙しくて対応する時間がないけれど、忘れずに後で見たいニュースや、返信したいメッセージなどの通知に有効です。

1 ステータスバーを下方向にスライドしてお知らせパネルを表示し、[管理]をタップします。[履歴]になっている場合は、「設定」アプリから「通知」を開きます。

2 [通知のスヌーズを許可]がオフの場合は、タップしてオンにします。

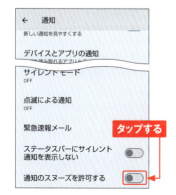

3 通知の右下にが表示されるようになるので、タップします。

4 [スヌーズ:1時間]をタップするか、∨をタップしてスヌーズの時間を15分、30分、2時間から選びます。そのまま画面を上方向にスワイプしてお知らせパネルを閉じます。

5 手順4で指定した時間が経過すると、再び通知が表示されます。

Section **114**

「設定」アプリ

ロック画面に通知を表示しないようにする

初期状態では、ロック画面に通知が表示されるように設定されています。目を離した隙に他人に通知をのぞき見されてしまう可能性があるため、不安がある場合はロック画面に通知が表示されないように変更しておきましょう。

1 アプリ一覧画面で「設定」をタップし、[通知] をタップします。

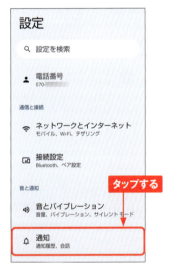

2 [ロック画面上の通知] をタップします。

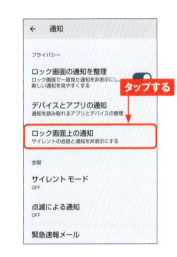

3 [通知を表示しない] をタップします。

TIPS プライバシーに関わる通知を表示しない

ロック画面に通知を表示する設定にした上で、手順2の画面で[機密性の高い通知]をオフにすると、プライバシーに関わる通知だけが、ロック画面に表示されなくなります。

Section 115

スリープ状態で画面を表示する

「設定」アプリ

スリープ状態でも、日時や通知アイコンなどの情報を一定時間画面に表示することができます。

1 アプリ一覧画面で「設定」をタップし、[ディスプレイ]をタップします。

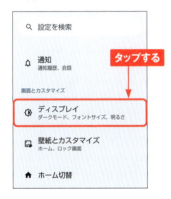

2 [ロック画面]をタップします。

3 [時計と情報を表示]をタップしてオンにします。

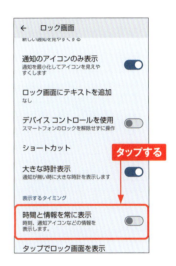

MEMO タップで情報を表示する

本文では、スリープ状態になると一定時間情報を表示する設定を紹介しましたが、タップすると情報を表示する設定にもできます。手順**3**の画面で[タップで時計を表示]→[タップで時計を表示]の順にタップして、機能をオンにできます。

Section 116

バッテリーを長持ちさせる

「設定」アプリ

インテリジェントチャージ機能は、最大充電量を変更したり、画面消灯中のみ充電したり設定することでバッテリーを長持ちさせることができます。

1 アプリ一覧画面で「設定」をタップし、[バッテリー] をタップします。

2 [インテリジェントチャージ] をタップします。

3 電池の負担を減らす追加設定をタップしてオンにします。

MEMO 長エネスイッチ

手順2の画面で [長エネスイッチ] をタップすると、画面の明るさを最小にしたり、充電を90%で停止したりすることができます。

Section 117

アプリの利用時間を確認する

「設定」アプリ

利用時間ダッシュボードを使うと、利用時間をグラフなどで詳細に確認できます。各アプリの利用時間のほか、起動した回数や受信した通知数も表示されるので、ライフスタイルの確認に役立ちます。

1. アプリ一覧画面で「設定」をタップし、[Digital Wellbeingと保護者による使用制限] をタップします。

2. 今日の各アプリの利用時間が円グラフで表示されます。[今日] をタップします。

3. 直近の曜日の利用時間がグラフで表示されます。任意の曜日をタップします。

4. 手順3でタップした曜日の利用時間が表示されます。画面下部には各アプリの利用時間が表示されます。

MEMO 通知数や起動回数を確認する

手順3の画面で、画面上部の [利用時間] をタップして、[受信した通知数] や [起動した回数] をタップすると、それぞれの回数をアプリごとに確認できます。

167

Section **118**

「設定」アプリ

アプリの利用時間を制限する

Digital Wellbeingでは、各アプリの利用時間をあらかじめ設定しておくことができます。利用時間が経過すると、アプリが停止して利用できなくなります。ゲームやSNSなど、利用時間が気になるアプリで設定しておき、ライフスタイルを改善しましょう。

1. P.167手順4の画面で、利用時間を設定するアプリをタップし、[アプリタイマー]をタップします。

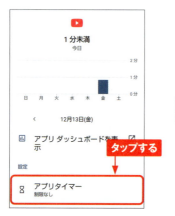

2. 設定した利用時間が経過すると、アプリが停止するので、[OK]をタップします。設定した時間が経過すると、翌日までアプリを利用できなくなります。

TIPS フォーカスモード

仕事や勉強に集中したいとき、妨げになるアプリを停止するのがフォーカスモードです。設定した時間内は指定したアプリを起動できなくなり、アプリからの通知も届かなくなります。「設定」アプリ→[Digital Wellbeingと保護者による使用制限]→[フォーカスモード]から設定します。

Section **119**

就寝時に通知などをおやすみ時間モードにする

「設定」アプリ

「おやすみ時間モード」は就寝時に利用するモードです。標準では、設定時間に通知が サイレントモードに、画面がグレースケールになります。おやすみ時間モードを一旦設定 すれば、変更は「時計」アプリからも行えるほか、機能ボタンが追加され、ここからオン ／オフを切り替えられます。

1 P.167手順**2**の画面で、[おやすみ時間モード]をタップします。初回はこの画面が表示されるので、[次へ]をタップします。

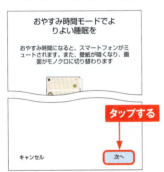

2 おやすみ時間モードがオンになる時間や曜日を設定して、[完了]をタップします。

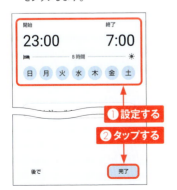

3 次の画面で[許可しない]または[許可する]をタップします。

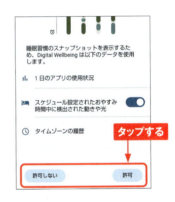

4 [今すぐONにする]をタップすると、おやすみ時間モードがオンになります。初回以降、P.167手順**2**の画面で、[おやすみ時間モード]をタップすると、この画面が表示されます。

Section 120

「設定」アプリ

なめらかハイスピード表示を設定する

AQUOS sense9の画面書き換え速度は最高で90Hzですが、なめらかハイスピード表示機能により疑似的に180Hz相当まで上げることができます。これにより、動きの激しい動画やスクロール中の残像を抑え、なめらかに表示できます。ただし、この機能によりわずかながら消費電力が上がるので、効果がなさそうなアプリでは、オフにしておいた方がよいでしょう。

1 アプリ一覧画面で［設定］をタップし、［ディスプレイ］をタップします。

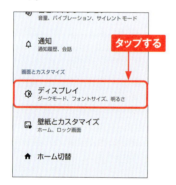

2 ［なめらかハイスピード表示］をタップします。

3 標準では、ほとんどのアプリがオンになっています。オフにしたいアプリ（ここでは［時計］）をタップします。なお、なめらかハイスピード表示のオン／オフを切り替える際は、アプリを終了しておきましょう。

4 「時計」アプリのなめらかハイスピード表示がオフになりました。

Section 121

「設定」アプリ
画面ロックの解除に暗証番号を設定する

画面ロック解除の操作方法は、標準ではスワイプですが、パターン、PIN（暗証番号）、パスワードのいずれかと、生体認証（P.174〜175参照）を設定することができます。ロック画面にどのように通知を表示するか、も同時に設定しておきましょう。

1 アプリ一覧画面で「設定」をタップし、[セキュリティとプライバシー]→[デバイスのロック]→[画面ロック]の順にタップします。

2 [PIN]をタップします。なお、[パターン]をタップするとパターンでのロックが、[パスワード]をタップするとパスワードでのロックを設定できます。

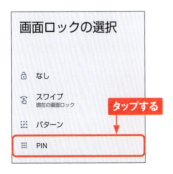

3 4桁以上の暗証番号を入力し、[次へ]をタップします。次の画面で同じ暗証番号を入力し、[確認]をタップします。

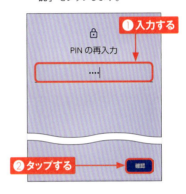

4 ロック画面での通知の表示方法をタップして選択し、[完了]をタップします。

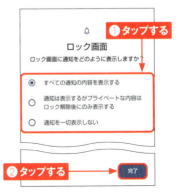

Section 122

指紋認証で画面ロックを解除する

「設定」アプリ

AQUOS sense9は「指紋センサー」を使用して画面ロックを解除することができます。指紋認証の場合は、予備の解除方法を併用する必要があります。

指紋を登録する

1 「設定」アプリを開いて、[セキュリティーとプライバシー]をタッチします。

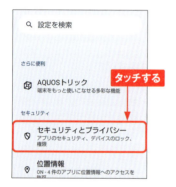

2 [デバイスのロック解除] → [指紋]の順でタッチします。

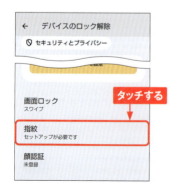

3 指紋は予備のロック解除方法と合わせて登録する必要があります。ロック解除方法を設定していない場合は、いずれかの解除方法を選択します。ここでは[PIN・指紋認証]をタッチします。

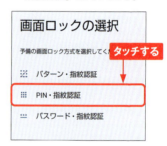

4 P.171手順3を参考に、暗証番号(PIN)を設定します。

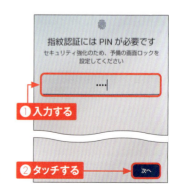

5 ロック画面に表示させる通知の種類をタッチして選択し、[完了]をタッチします。

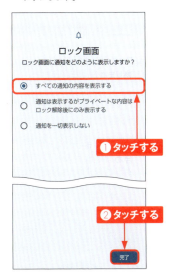

6 [同意する]→[次へ]の順にタッチします。

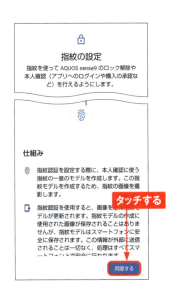

7 指紋センサーに指を押し当て、本体が振動するまで静止します。

8 「指紋の登録完了」と表示されたら、[完了]をタッチします。

MEMO Payトリガー

Payトリガーは、指紋センサーを長押しすると電子決済アプリを起動できるAQUOSの独自機能です。ホーム画面を左方向にフリックし、[AQUOSトリック]→[指紋センサーとPayトリガー]→[Payトリガー]→[起動アプリ]の順でタッチして、使用する決算系アプリを選択して設定します。

Section **123**

顔認証で画面ロックを解除する

「設定」アプリ

AQUOS sense9では顔認証を利用してロックの解除などを行うこともできます。ロック画面を見るとすぐに解除するか、時計や通知を見てから解除するかを選択できます。

顔データを登録する

1 「設定」アプリを開いて、[セキュリティーとプライバシー] → [デバイスのロック解除] → [顔認証]の順にタッチします。PINなど、予備の解除方法を設定していない場合は、P.171を参考に設定します。

2 「顔認証によるロック解除」画面が表示されます。[次へ][OK][アプリの使用時のみ]などをタッチして進みます。

3 AQUOS sense9に顔をかざすと、自動的に認識されます。「マスクをしたままでも顔認証」画面が表示されたら、[有効にする]または[スキップ]をタッチします。

4 「ロック解除後の動作」画面が表示されたら、[OK]をタッチします。

顔認証の設定を変更する

1 P.174手順1の画面を表示し、[顔認証] をタッチします。ロック解除の操作を行います。

2 「顔認証」画面が表示され、ロックの解除タイミングの設定や顔データの削除を行えます。

3 ここでは [すぐにジャンプ] をタッチします。

MEMO 顔データの削除

顔データは1つしか登録できないので、顔データを更新したい場合は、前のデータを先に削除する必要があります。手順2の画面で [顔データの削除] → [はい] の順にタッチすることで、顔データが削除されます。

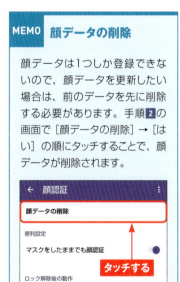

Section 124

「設定」アプリ

画面の明るさを変更する

ディスプレイの明るさは手動で調整できます。使用する場所の明るさに合わせて変更しておくと、目が疲れにくくなります。暗い場所や、直射日光が当たる場所などで利用してみましょう。

1 ステータスバーを下方向に2回スワイプして、ステータスパネルを表示します。

スワイプする

2 ◉を左右にドラッグして、画面の明るさを調節します。

ドラッグする

MEMO 明るさの自動調節のオン／オフ

アプリ一覧画面で[設定]をタップし、[ディスプレイ]→[明るさの自動調節]の順にタップすることで、画面の明るさの自動調節のオン／オフを切り替えられます。オフにすると、周囲の明るさに関係なく、画面は一定の明るさになります。

Section 125

「設定」アプリ

ホームアプリを変更する

AQUOS sense9のホーム画面は、標準では「AQUOS Home」という名前のAndroid OSの一般的なホーム画面アプリが設定されています。このホーム画面アプリを「AQUOSかんたんホーム」や「AQUOSジュニアホーム」に切り替えることができます。

1 アプリ一覧画面で[設定]をタップし、[ホーム切替]をタップします。

2 ここでは、[AQUOSかんたんホーム]をタップします。初回はこの後に説明画面が表示されるので、[OK]をタップします。

3 ホーム画面アプリが「AQUOSかんたんホーム」に変更されました。

MEMO ホーム画面の特徴

「AQUOSかんたんホーム」は、シニアでも画面が見やすいように、アイコンが大きく表示されているのが特徴です。一方、「AQUOSジュニアホーム」は、子ども向けのシンプルなホーム画面です。

Section 126

画面の文字を見やすくする

「設定」アプリ

「はっきりビュー」を設定すると、画面の色合いが変わり、画面内の文字や地図がはっきりと表示されて見やすくなります。野外などで画面の文字が見づらいときに設定してみましょう。

1 アプリ一覧画面で［設定］をタップし、［ディスプレイ］をタップします。

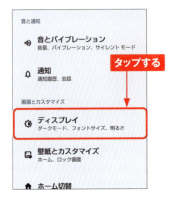

2 ［はっきりビュー］をタップします。

3 はっきりビューがオンになり、画面の色合いが変わって文字がはっきり表示されます。

MEMO アウトドアビュー

AQUOS sense9では、野外の強い日差しの下でも画面を見やすくする「アウトドアビュー」があらかじめオンになっています。アウトドアビューは、アプリ一覧画面で［設定］をタップし、［ディスプレイ］→［アウトドアビュー］の順にタップすると、オフにできます。

Section 127

リラックスビューを設定する

「設定」アプリ

「リラックスビュー」を設定すると、画面が黄味がかった色合いになり、薄明りの中でも画面が見やすくなって、目が疲れにくくなります。暗い室内で使うと効果的でしょう。

1 アプリ一覧画面で[設定]をタップし、[ディスプレイ]→[リラックスビュー]の順にタップします。

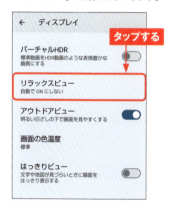

2 [リラックスビューを使用]をタップしてオンにすると、リラックスビューが設定されます。

3 [黄味の強さ]の●を左右にドラッグすることで、色合いを調節できます。

MEMO リラックスビューの自動設定

手順2の画面で[スケジュール]をタップすると、リラックスビューに自動的に切り替わる時間を設定することができます。また、[指定した時間にON]をタップして時間を設定することもできます。

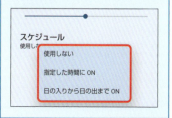

Section **128**

「設定」アプリ

AQUOSトリックを使いこなす

「AQUOSトリック」は、AQUOSシリーズに搭載された、独自のカスタマイズ機能をまとめたものです。ここで設定できる機能は、「設定」アプリなどからもできますが、AQUOSトリックでは、項目ごとに設定項目がまとめられ、説明も付いているので、誰でも簡単に利用できます。

AQUOSトリックを使う

1 アプリ一覧画面で[設定]をタップします。

2 [AQUOSトリック]をタップします。

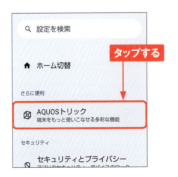

3 「AQUOSトリック」の各項目が表示されます。ここでは[リッチカラーテクノロジーモバイル]をタップします。

4 「リッチカラーテクノロジーモバイル」に関する説明が表示され、各種設定を行えます。

AQUOSトリックの各項目

●リッチカラーテクノロジーモバイル
ディスプレイの画質や表示を変更できます。標準では、画質モードを「標準」「ダイナミック」「ナチュラル」から選べます。また「おススメモード」は、アプリごとに適切な画質へ切り替えるモードです。

●なめらかハイスピード表示
P.170参照。

●ロック・ホームフォトシャッフル
ロック画面やホーム画面にランダムに異なる画像を表示できる機能です。ロック画面では、この機能は標準で有効になっています。画像を選択して、お気に入りの写真だけをランダム表示にすることもできます。

●指紋センサーとPayトリガー
指紋認証のための指紋登録と、指紋センサーへのロングタッチでアプリを起動できるPayトリガーの設定ができます。

●スクロールオート
縦に長いWebページの記事や、SNSを見るときに、スマホが自動でスクロールしてくれるアシスト機能です。利用可能な場面になると、スタータスバーに通知アイコンが表示され、画面を上下方向にスクロールするとスクロールオートモードがオンになります。

●Clip Now
画面左上もしくは右上の隅から画面中央方向にディスプレイをなぞると、スクリーンショットが撮れる機能です。スクリーンショットは、編集やSNSへの共有ができます。

●ゲーミングメニュー
ゲームアプリで画質やパフォーマンなどを調整できる機能です。また、ゲームや動画視聴中に着信や通知をブロックする設定もできます。

●クイック操作
AQUOSの電源キーのジェスチャーをカスタマイズしたり、ナビゲーションキーを「ジェスチャーナビゲーション」か「3ボタンナビゲーション」いずれかに設定したりできます。

●AQUOS Home
AQUOSシリーズのホームアプリ「AQUOS Home」を利用できます。ドコモ版以外のAQUOS sense9では、「AQUOS Home」が標準なので、特に利用する必要はありません。

●ジュニアモード
P.177参照。

●かんたんホーム
P.177参照。

●Bright Keep
本体を持ったときや置いたときの、画面の点灯や消灯を設定できます。電池の消費を抑えたい場合などに便利です。

●テザリングオート
設定した場所でテザリングを自動でオンできます。特定の外出先での作業が多いような場合に便利です。

●インテリジェントチャージ
P.166参照。

●ロボクル設定
AQUOSシリーズに対応した充電台「ロボクル」の設定を行えます。

Section 129

エモパーを設定する

「エモパー」アプリ

AQUOS sense9には、天気やイベントの情報などを話したり、画面に表示したりして伝えてくれる「エモパー」機能が搭載されています。エモパーを使って音声でメモをとることもできます。ここでは、エモパーの初期設定を紹介します。

1 アプリ一覧画面で［エモパー］をタップします。起動したら、画面を左方向に4回フリックし、［エモパーを設定する］をタップします。

2 「エモパーを選ぼう」画面でボイスかキャラクターを選んで［次へ］をタップし、ひらがなで名前を入力し、［次へ］をタップします。

3 あなたのプロフィールを設定し、［次へ］をタップします。

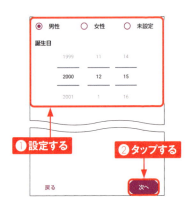

4 興味のある話題をタップしてチェックを付けます。［次へ］をタップします。許可に関する画面が表示されたら［分かりました］をタップして、画面の指示に従って操作します。

182

5 自宅を設定します。住所や郵便番号を入力して、🔍 をタップします。

6 自宅の位置をタップし、[次へ]をタップします。

7 [同意する]→[完了]をタップします。COCORO MEMBERSに関する画面が表示されたら、[いますぐ使う(スキップ)]→[次へ]をタップします。許可に関する画面が表示されたら、画面の指示に従って設定します。

8 設定が完了しました。

MEMO エモパーのしゃべるタイミング

エモパーは、マナーモード以外のときで、「自宅で、ロック画面中や画面消灯中に端末を水平に置いたとき」「ロック画面で2秒以上振ったとき」「充電を開始／終了したとき」などにしゃべります。基本的にはエモパーがしゃべる場所は自宅のみです。なお、エモパーの話を止めたいときは、話している最中に本体を裏返すか、画面上部の近接センサー／明るさセンサーに手を近づけます。

Section **130**

「設定」アプリ

緊急情報を登録する

「緊急連絡先」には、非常時に通報したい家族や親しい知人を登録しておきます。また、「医療に関する情報」には、血液型、アレルギー、服用薬を登録することができます。どちらの情報も、ロック解除の操作画面で[緊急通報]をタップすると、誰にでも確認してもらえるので、ユーザーがケガをしたり急病になったりしたときに役立ちます。また、緊急事態になった時や、事件事故に遭ったときには、緊急連絡先に位置情報を提供するように設定できます。

1 アプリ一覧画面で「設定」をタップし、[安全性と緊急情報]をタップします。

2 [緊急連絡先]をタップします。

3 [連絡先の追加]をタップして、「連絡帳」から連絡先を選択します。

4 手順2の画面で[医療に関する情報]をタップして、必要な情報を入力します。

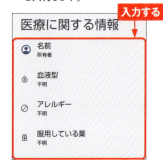

TIPS 緊急情報サービス

「安全性と緊急情報」からは、緊急情報の登録のほかに、次の機能の確認と設定を行うことができます。万が一の場合に備えて、ぜひとも確認しておきましょう。

- 事件に巻き込まれた時に起動すると110番通報などをまとめて行う「緊急SOS」
- 災害の通報や情報を受け取る「災害情報アラート」

Section 131

紛失した本体を探す

「設定」アプリ

端末を紛失してしまっても、「設定」アプリで「デバイスを探す」機能をオンにしておくと、端末がある場所をほかのスマートフォンやパソコンからリモートで確認できます。この機能を利用するには、あらかじめ「位置情報の使用」を有効にしておきます。

「デバイスを探す」機能をオンにする

1 アプリ一覧画面で「設定」をタップし、[Google]をタップします。

2 [デバイスを探す]をタップします。

3 [OFF]になっている場合はタップしてオンにします。

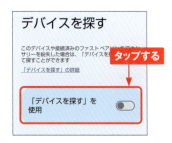

MEMO アプリを起動する

手順**3**の画面で[「デバイスを探す」アプリ]をタップすると、「デバイスを探す」アプリが起動します。

ほかのAndroidスマートフォンから探す

1. ほかのAndroidスマートフォンで、「デバイスを探す」アプリ（P.185参照）をインストールして起動します。［ゲストとしてログイン］をタップします。なお、同じGoogleアカウントを使用している場合は［〜として続行］をタップします。

2. 紛失した端末のGoogleアカウントを入力し、［次へ］をタップします。

3. パスワードを入力し、［次へ］→［アプリの使用中のみ許可］→［同意する］の順にタップします。「2段階認証プロセス」画面が表示されたら、［別の方法を試す］をタップして、別の方法でログインします。

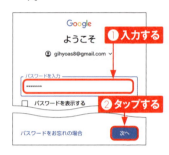

4. 地図が表示され、端末の現在位置が表示されます。画面下部のメニューから、音を鳴らしたり、ロックをかけたり、データを初期化したりすることもできます。

TIPS iPhoneから探す

iPhoneでは「デバイスを探す」アプリが利用できないため、P.187を参考に、パソコンと同様の手順で探します。

パソコンから探す

1. パソコンのWebブラウザで、GoogleアカウントのWebページ（https://myaccount.google.com）にアクセスし、紛失した端末のGoogleアカウントでログインします。

2. ［セキュリティ］をクリックし、［紛失したデバイスを探す］をクリックします。

3. 紛失したデバイスをクリックします。

4. 地図が表示され、端末の現在位置が表示されます。画面左部のメニューから、着信音を鳴らしたり、ロックをかけたり、データを初期化したりすることもできます。

Section 132

「設定」アプリ

本体ソフトをアップデートする

AQUOS sense9には、本体機能の更新やセキュリティのために都度本体ソフトウェアの更新が提供されます。OS更新を伴わないソフトウェアの更新がある場合、Wi-Fiに接続していれば、自動的にダウンロードされ、深夜に更新が実行されることもありますが、更新を手動で確認することもできます。

1 アプリ一覧で [設定] をタップします。

2 [システム] をタップします。

3 [システムアップデート] をタップします。

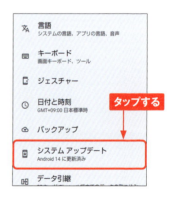

4 アップデートのチェックが行われます。アップデートがある場合、画面の指示に従い、アップデートを開始します。

Section 133

初期化する

「設定」アプリ

AQUOS sense9の動作が不安定なときは、初期化すると改善する場合があります。この場合、設定や写真などのデータがすべて消えるので、事前にバックアップを行っておきましょう。

1 アプリ一覧画面で[設定]をタップし、[システム]→[リセットオプション]の順にタップします。

2 [すべてのデータを消去(初期設定にリセット)]をタップします。

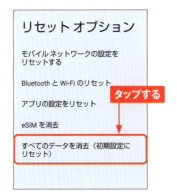

3 メッセージを確認して、[すべてのデータを消去]をタップします。

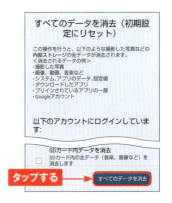

4 [すべてのデータを消去]をタップすると、AQUOS sense9が初期化されます。

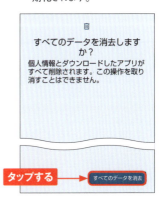

索引

数字・アルファベット

12キー	38
2段階認証	76
3ボタンナビゲーション	17
AQUOS Home	177
AQUOSかんたんホーム	177
AQUOSジュニアホーム	177
AQUOSトリック	180
Bluetooth	154
Chrome	56
Chromeのグループ	58
Chromeのタブ	58
Files	142
FMラジオ	104
Gmail	122
Gmailの再通知	128
Gmailの署名	126
Gmailの不在通知	129
Google Discover	67
Google One	148
Google Play	108
Google Playギフトカード	112
Googleアカウント	50
Googleアシスタント	118
Google検索バー	14, 34
Googleドライブ	141, 147
Googleレンズ	69
NFC	154
OK Google	118
PIN	171
Playストア	108
QRコード	70
Quick Share	93
QWERTY	38
radiko+FM	104
Smart Lock	172
Voice Match	118
Wi-Fi	48
Wi-Fiテザリング	155
YouTube	105
YT Music	101

あ行

アウトドアビュー	178
アカウント設定の完了	110
アクティビティ	73
アプリアイコン	14, 30
アプリ一覧画面	16
アプリ使用履歴画面	18
アプリのアンインストール	111
アプリのインストール	110
アプリの起動	16
アプリの切替	18
アプリの権限の確認	115
アプリの検索	108
アプリの更新	111
アプリの終了	19
アプリのデータ使用量	156
アプリの払い戻し	113
アプリの利用時間	167
暗証番号	171
安全なフォルダ	142
インカメラ	10
ウィジェット	14, 33
ウォレット	138
エモパー	182
お気に入りトレイ	14
おサイフケータイ	152
お知らせパネル	23
おやすみ時間モード	169
音量キー	10, 20

か行

顔認証	175
片手モード	28
壁紙	36
画面の明るさ	176
カレンダー	130
キーボードの追加	44
キーボードのフロート	46
機能ボタン	24
機密性の高い通知	164
緊急情報	184
経路検索	134
権限の許可	114

検索履歴 ································68
広角カメラ ····························10

さ行

ジェスチャー ··························28
システムアップデート ···············188
自動調整バッテリー ·················166
指紋 ································174
指紋センサー ························10
写真のアルバム ······················90
写真の共有 ··························91
写真の撮影 ··························78
写真のズーム ························79
写真のバックアップ ···················98
写真の編集 ··························88
写真モード ··························80
写真や動画の削除 ····················96
初期化 ······························189
信頼できるデバイス ··················173
信頼できる場所 ·····················172
スクリーンショット ···················54
ステータスアイコン ···················22
ステータスバー ·················14, 22
ステータスパネル ····················24
スライド ······························13
スリープ ······························12
スワイプ ······························13
生体認証 ····························174
設定 ································150

た行

ダークモード ························35
タイムライン ························137
タップ ·······························13
ダブルタップ ························13
通知 ·································23
通知アイコン ························22
通知ドット ··························29
通知のオフ ··························158
通知の許可 ··························114
通知のサイレント ····················160
通知のスヌーズ ·····················163
通知の履歴 ··························162

データセーバー ·····················157
テーマアイコン ······················37
テキストのコピー ····················47
デバイスを探す ·····················185
電源キー ····························10
電源のオフ ··························21
電源のオン ··························11
動画の撮影 ··························82
動画のトリミング ····················89
ドラッグ ······························13

な・は行

なめらかハイスピード表示 ············170
パスワードマネージャー ··············65
はっきりビュー ·····················178
バックグラウンドデータ ··············157
標準カメラ ··························10
ピンチ ·······························13
フォーカスモード ····················168
フォト ·······························86
フォルダ ·····························14
プライバシー診断 ····················74
プライバシーダッシュボード ··········117
フリック ·····························13
フリック入力 ························40
フローティングシャッター ············85
分割表示 ····························32
ポートレートモード ··················83
ホーム画面 ··························14

ま・や・ら行

マップ ································132
マナーモード ························26
持ち運び検知機能 ····················173
有料アプリの購入 ····················112
ラジオ ·······························104
リラックスビュー ····················179
ルーティン ··························119
ロケーション履歴 ····················136
ロック画面 ··························12
ロックされたフォルダ ················95
ロックダウン ························21
ロングタッチ ························13

191

お問い合わせについて

本書に関するご質問については、本書に記載されている内容に関するもののみとさせていただきます。本書の内容と関係のないご質問につきましては、一切お答えできませんので、あらかじめご了承ください。また、電話でのご質問は受け付けておりませんので、必ずFAXか書面にて下記までお送りください。
なお、ご質問の際には、必ず以下の項目を明記していただきますようお願いいたします。

1 お名前
2 返信先の住所またはFAX番号
3 書名（ゼロからはじめる　AQUOS sense9 スマートガイド ［au／UQ mobile 対応版］）
4 本書の該当ページ
5 ご使用のソフトウェアのバージョン
6 ご質問内容

なお、お送りいただいたご質問には、できる限り迅速にお答えできるよう努力いたしておりますが、場合によってはお答えするまでに時間がかかることがあります。また、回答の期日をご指定なさっても、ご希望にお応えできるとは限りません。あらかじめご了承くださいますよう、お願いいたします。ご質問の際に記載いただきました個人情報は、回答後速やかに破棄させていただきます。

お問い合わせ先

〒162-0846
東京都新宿区市谷左内町 21-13
株式会社技術評論社　書籍編集部
「ゼロからはじめる　AQUOS sense9 スマートガイド ［au／UQ mobile 対応版］」質問係
FAX番号　03-3513-6167
URL：https://book.gihyo.jp/116

■ お問い合わせの例

FAX

1 お名前
技術　太郎

2 返信先の住所またはFAX番号
03-XXXX-XXXX

3 書名
ゼロからはじめる
AQUOS sense9 スマートガイド
［au／UQ mobile 対応版］

4 本書の該当ページ
68ページ

5 ご使用のソフトウェアのバージョン
Android 14

6 ご質問内容
手順3の画面が表示されない

ゼロからはじめる AQUOS sense9 スマートガイド ［au／UQ mobile 対応版］

2025年2月11日　初版　第1刷発行

著者	技術評論社編集部
発行者	片岡　巌
発行所	株式会社 技術評論社 東京都新宿区市谷左内町 21-13
電話	03-3513-6150　販売促進部 03-3513-6160　書籍編集部
装丁	菊池　祐（ライラック）
本文デザイン	リンクアップ
DTP	リンクアップ
編集	原田　崇靖
製本／印刷	TOPPANクロレ株式会社

定価はカバーに表示してあります。
落丁・乱丁がございましたら、弊社販売促進部までお送りください。交換いたします。
本書の一部または全部を著作権法の定める範囲を超え、無断で複写、複製、転載、テープ化、ファイルに落とすことを禁じます。
© 2025 技術評論社

ISBN978-4-297-14682-5 C3055
Printed in Japan